普通高等教育“十四五”规划教材

Linux系统基础教程及项目实训

刘文胜　主　编

赵旭霞　董华松　李　莉　副主编

内容提要

《Linux 系统基础教程及项目实训》（高等院校专业教材协作普通高等教育“十四五”规划教材）以 Red Hat Enterprise Linux 为基础，分为认识 Linux 基础和 Linux 项目上机实训两个教学情景，采用理论与实践相结合的项目化方式，列出完整清晰的任务操作步骤，全面介绍了 Linux 的相关知识及常用服务的配置。

本书可作为高等学校计算机相关专业的教材，也可作为石油、石化行业 Linux 应用项目的培训或学习材料，还可作为 Linux 爱好者计算机网络管理和开发应用的参考书。

图书在版编目（CIP）数据

Linux 系统基础教程及项目实训 / 刘文胜主编. —北京：中国石化出版社，2021.8
普通高等教育“十四五”规划教材
ISBN 978-7-5114-6418-7

Ⅰ. ①L… Ⅱ. ①刘… Ⅲ. ① Linux 操作系统—高等学校—教材 Ⅳ. ① TP316.85

中国版本图书馆 CIP 数据核字（2021）第 155292 号

中国石化出版社出版发行
地址：北京市东城区安定门外大街 58 号
邮编：100011 电话：（010）57512500
发行部电话：（010）57512575
http：//www.sinopec-press.com
E-mail：press@sinopec.com
北京柏力行彩印有限公司印刷
全国各地新华书店经销
*
710×1000 毫米 16 开本 8 印张 115 千字
2021 年 9 月第 1 版 2021 年 9 月第 1 次印刷
定价：25.00 元

前言

PREFACE

目前，市场上有关Linux系统及应用教程的教材，多数是为计算机专业学生服务的，教材内容涉及Linux系统下的常用命令，用户管理、文件系统，网络配置，服务器配置，动态网站配置等，偏重于电子商务应用；有关C语言程序设计的教材也大多是针对个人计算机Windows操作系统环境下的C语言编程。然而，针对石油石化领域的大型Linux系统平台下的并行C语言程序设计方面和Shell脚本语言编程方面的教材很少。本教材的特点是：使学生基本掌握Linux系统下的常用命令，用户管理、文件系统的基本概念和操作技能后，进一步掌握Linux并行系统平台下的C语言的编程开发、调试技能等综合实践内容，以及vi脚本语言编写Linux系统下的Shell脚本语言编程内容，为石油石化行业及相关专业学生服务。

本教材紧密结合中国石油大学（北京）的设备网络环境（Linux系统下并行计算机阵列，四核2.5GHz IBM服务器，Linux/Unix工作站，Sun、Dell、IBM、HP，存储设备，高速光纤存储HDS AMS1000等设备），以及Linux大型计算机集群局域网络硬件配置，根据Linux系统授课内容编写，旨在帮助学生更好地掌握Linux大型计算机集群系统下的C语言开发和Shell脚本语言编写技术。

本教材从Linux基础和实用内容入手，以项目实训方式，将知识点融入项目实训的各个子任务中，项目驱动、任务分解，培养学生实践能力。

本教材凝聚了作者多年的计算机公共基础教学经验，由于作者水平有限，书中难免存在一些疏漏与错误，希望广大读者批评指正。

编　者

2021年4月

目录

CONTENTS

第1章 | Linux 系统基础 1

第1章 Linux 系统基础

CHAPTER 1

知识目标

1. 了解 Linux 系统的发展；
2. 掌握 Linux 系统的组成、内核版本、发行版本；
3. 了解 Linux 系统在各行各业的应用。

1.1 Linux 系统简介

自从冯·诺依曼提出存储程序思想，计算机的发展经历电子管、晶体管、集成电路、大规模集成电路时代。早期的巨型计算机使用 Basic 语言开发的 Unix 系统，由美国贝尔实验室 Ken Thompson 和 Dennis Ritchie 发明；1971~1972 年期间 Dennis Ritchie 发明 C 语言，用 C 语言重写了 Unix；1974 年美国电话电报公司（AT&T）开始发行 Unix 的非商业许可证，随后的年代里开始出现各种版本的 Unix 系统；1977 年，AT&T 公司开始向计算机软硬件厂商提供 Unix 系统的商用 OEM 许可证。从 20 世纪 70 年代末开始，市场上出现了不同的 Unix 商品化版本，比较有影响的版本包括：SUN 公司的 SUNOS，Microsoft 和 SCO 公司的 Xenix，Interactive 公司的 Unix386/ix，DEC 公司的 Ultrix。后来又陆续出现了一些比较著名的 Unix 系统，包括：IBM 公司的

AIX，HP 公司的 HP-UX，SCO 公司的 Unix 和 ODT，以及 SUN 公司的 Solaris 等产品。与当时的 NetWare、WindowsNT 和 OS2 等操作系统相比，Unix 系统具有可靠性高、同时支持多个 CPU（中央处理器）、开放性好、网络功能强、数据库（包括大型 Oracle 数据库）支持功能强大等特点。但是由于版权等等原因，且 Unix 的源码不适用于教学，为此 1987 年著名的荷兰计算机科学家 A. Tanenbaum 专门写出一个简化的类 Unix 系统——Minix（mini-Unix 的意思）供入门者学习。

著名的黑客 Richard Stallman 于 1983 年启动 GNU 计划时提出了 copyleft（无版权）的想法，目标是“开发一个完全免费的与 Unix 兼容的操作系统”。作为目标的一部分，他创造了 GNU 通用公共许可证 GPL（General Public License）——一个法定的版权声明，在条款中，允许对某项成果以及由它派生的其余成果的重用，修改和复制对所有人都是免费的。使用 GPL 的软件被称为自由软件，后被称为开放源代码软件。GNU 项目开始于 1984 年，由自由软件基金 FSF（Free Software Foundation）支持，目的是为了建立免费的 Unix 系统。

1.1.1 Linux 系统的发展

Linux 系统最早由一位名叫 Linus Torvalds 的芬兰赫尔辛基大学的学生开发，他的目的是设计一个替代 Minix 的操作系统，这个操作系统可用于 386、486 或奔腾处理器的个人计算机上，并且具有 Unix 操作系统的全部功能。1991 年 10 月 5 日 Linus Torvalds 于芬兰赫尔辛基大学发布了该系统的第一个内核公开版（Linux 0.02 版），同年 11 月该系统 0.10 版发布，12 月 0.11 版发布。Linux 遵循开源 GPL 许可协议：即最初的创造者 Linus Torvalds 保留版权。其他人可随意地处置该软件，包括对它进行修改、以它为基础开发其他程序以及重新发布或转卖它，甚至可以为了赢利而对软件进行销售，但源代码必须和程序一起提供。随着开源软件的需求的增长，开放源代码软件、免费发布、Internet 自由下载、无需缴纳 License 费用等要求被陆续提出。人们开始建立开放源代码软件的核心组织，通常由一个很大的社区在 Internet 上协作开发。这种开发模式比封闭源代码软件有更高的质量。用户可以得到软件的源代码，也可以根据自己的特殊要求，进行定制。目前 Linux 系统已经发展成为一个功能强大的操作系统，它是一个自由软件，是免费的、源代码开放的，而且还提供了丰富的应用软件。

1.1.2 Linux 系统的组成

Linux 系统一般由 3 个主要部分组成：内核、命令解释层（Shell）、应用程序。

（1）内核

Linux 系统的内核完成内存管理、CPU 处理器管理、文件管理、进程管理、设备管理等操作系统的基本功能，内核源代码通常安装在 /usr/src 目录，Linux 内核版本号由三个数字组成：r，x，y。r：目前发布的 Kernel 版本；版本号中的主版本号 x：偶数表示内核是稳定版本，可以公开发行，奇数表示内核是开发中版本，是指在稳定版本的基础上不断增加新功能，指导稳定后成为新的版本；次版本号 y：错误修补的次数，奇数表示开发版本，用于开发和测试，偶数表示稳定版本，用于生产系统中。例如：2.4.20 表示 Linux 内核版本号是第二版，经过 20 次修改后稳定的版本，官方网站：http://www.kernel.org，是 Linux 内核发布的网站。

与 Window 系统不同，Linux 系统的内核源代码是开放的，用户可以查看和修改。Linux 系统内核的源代码主要使用 C 语言编写，系统内核用于在计算机启动时载入基本内存、管理基本输入输出、管理进程初始化和进程的调度。Linux 系统的发行版本和内核版本不同，发行版本可以由不同的组织或厂家基于相同的 Linux 系统内核或修改内核，融合不同的应用打包而成。目前 Linux 系统的发行版本主要有：Red Hat、Ubuntu、Fedora、CentOS，等等。

（2）Shell

Shell 是一种命令解释器，对用户输入的命令进行解释，再发到内核。它拥有自己内建的 Shell 命令集，也能被系统中其他应用程序调用，提供与内核与用户交互操作的一种接口，人机交互除了图形用户界面外，Shell 字符形的命令行界面是管理员首选。

（3）应用程序

Linux 系统的应用程序：包括文本编辑器、编程语言、X Window、办公套件、Internet 工具、数据库等。Linux 系统上的应用程序大致分为：①办公软件：如 Office 软件、阅读器软件等。②网络应用软件：如服务器、网络客户端软件等。③多媒体软件：包括图形图像处理软件、音乐视频播放软件。④工具软件：如输入法、下载工具、压缩工具。⑤编程开发软件：用于软硬件开发的软件等。

1.1.3 Linux 系统的应用

许多大型企业用户 IBM、Oracle 等多支持 Linux 系统软件，Linux 系统的应用主要包括商业服务器、嵌入式系统开发、并行集群计算等方面，Linux 系统服务器的稳定性、安全性、可靠性已经得到业界认可，被应用到银行、航空订票、石油化工领域等。近年来，基于 Linux 系统上的集群技术得到快速发展，Linux 系统支持 C 语言、Java 语言，可用于 PDA（掌上电脑）微型化产品、智能家电设备、汽车电子设备等嵌入式产品的开发及其应用。

1.2 桌面计算机 Linux 系统的安装

与 Unix 系统不同，Linux 系统不仅和 Unix 系统同样能安装在大型计算机、巨型计算机上，而且还能安装在个人计算机、便携式电脑上。以 Red Hat Linux 系统安装个人计算机为例，Red Hat 支持从光盘、硬盘或 USB 存储设备引导安装程序，安装程序读取软件包的方式至少可以分为以下三种：从光盘读取软件包进行安装（这是 Red Hat 提供的缺省安装方式）；读取硬盘或 USB 中保存的安装光盘镜像文件（ISO 文件）进行安装；从 NFS、FTP 和 HTTP 网络服务器中读取文件进行安装。Linux 系统需要至少一个根分区和一个交换分区（交换分区的大小一般为实际内存的两倍）。

1.2.1 CD-ROM 光盘安装

以 CPU 奔腾四，2.0GHz 以上个人计算机，安装软件版本 Red Hat Linux 9（内核：2.4.20-8，32 位），安装盘 CD3 张为例，计算机内存至少需要 1G，建议磁盘空间分区至少要求：/boot：100M、/home：10G、/var：20G 交换分区内存的二倍 swap：2G。目前，自由的免费的桌面版 Red Hat Linux 的最高版本是 9.0，2002 年，Red Hat 产品分成两个系列，由 Red Hat 提供收费技术支持和更新的 Red Hat Enterprise Linux（RHEL）服务器版，以及由 Fedora 社区开发的桌面版 Fedora Core（FC）。

Linux 系统各个版本都支持从光盘启动，通常情况下，硬盘是启动计算机的第一选择，CD-ROM 光盘安装需要进入 BIOS，设置第一个引导设备为 CD-ROM，并存设置后退出 BIOS，安装步骤如下：

1）开启主机，把第一张系统安装盘放入 CD\DVD 光驱里，在 BIOS 里设置引导光驱启动项，保存设置退出重启。

2）启动后，进入系统安装界面。如图 1-1 所示会出现几种安装模式。如要进入文本安装界面就在 boot：后面输入 Linux text，要进入图形安装界面直接按回车键，这里如图 1-1 所示，安装按 Enter 键。

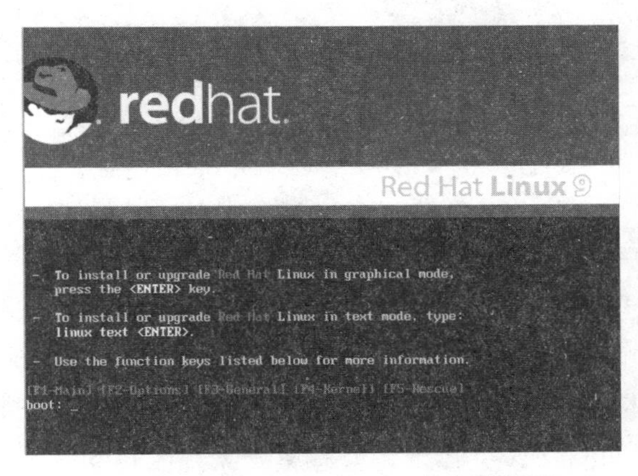

图 1-1　Red Hat Linux 9 的安装界面

3）如图 1-2 所示进入这个界面，提示是否对 CD 盘内容的完整性进行测试。如果要测试，可以将每张 CD 盘放入光驱进行内容测试，按 OK；如果不用测试，光标移到 Skip（跳过）按回车键。

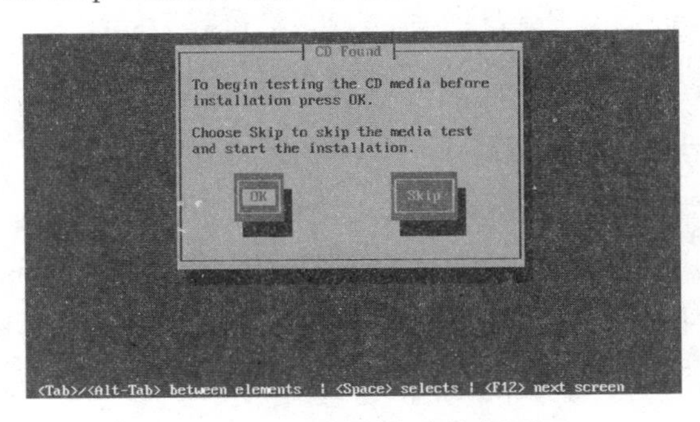

图 1-2　是否检测光盘选择界面

4）如图 1-3 所示，进入这步是软件的发行版本标记，左侧出现的是帮助的文本。

5）如图 1-4 所示，这步是选择安装向导所使用的语言，选择键盘的类型。此时鼠标可以启用，下面选择简体中文，进行下一步的安装。

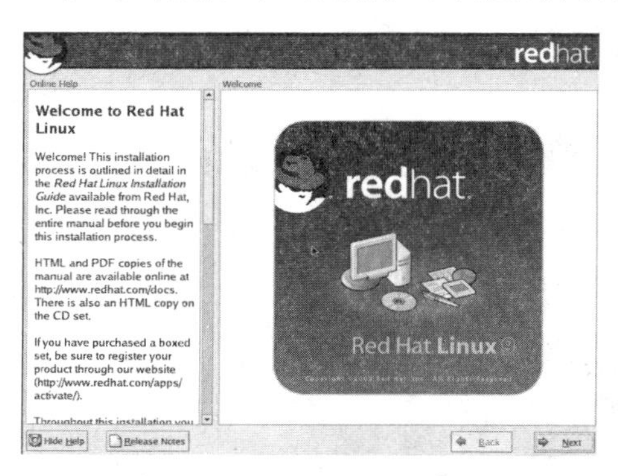

图 1-3　开始安装界面

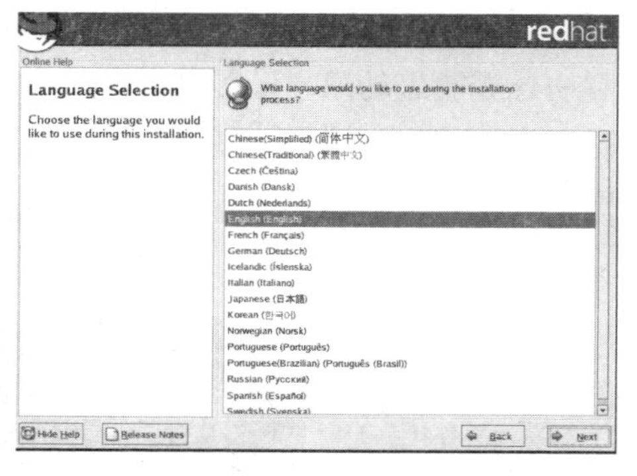

图 1-4　安装语言选择界面

6）安装语言支持包里还有多种语言，可根据情况而定，一般默认美式键盘选项，按 Next（下一步）进行下面的安装。设置管理员的密码，即 root 管理员密码，root 账号在这里具有最高的权限，设置完根密码后，按下一步。接下来设置是否对安装软件包进行定制，根据要求选择定制安装的软件包。选择开发工具这项进行安装。接下来就是整个系统的自动安装过程，根据顺序换盘安装。当光盘按顺序完成安装步骤后，安装完成。

1.2.2　硬盘或 USB 存储设备安装

硬盘安装或 USB 存储设备安装，需要到 Red Hat Linux 网站（http://www.RedHat.com）下载 shrike-i386-disc1_3.iso、shrike-i386-disc2_3.iso 和 shrike-i386-disc3_3.iso，安装镜像文件，如果有安装光盘，也可以使用 WinISO 工具软件制作安装光盘的镜像文件。

除了上述镜像文件，还需要启动上述镜像文件的 Boot.iso 镜像文件，Boot.iso 是安装程序引导光盘的文件，可刻录为引导光盘，Diskboot.img 是 USB 设备引导的镜像文件，打开 UltraISO，选择 shrike-i386-disc1_3.iso 打开 images 文件夹，将 boot.iso 写入硬盘镜像到 U 盘，将 shrike-i386-disc1_3.iso 镜像文件中 isolinux 目录下的 initrd.img、vmlinuz“提取”到 U 盘的根目录下。此外，在 shrike-i386-disc1_3.iso 镜像文件中，有的版本还需要将 images 目录下的 efidisk.img、install.img“提取”到 U 盘的 images 目录下。

复制 shrike-i386-disc1_3.iso、shrike-i386-disc2_3.iso 和 shrike-i386-disc3_3.iso 镜像文件到 U 盘根目录下，U 盘已经准备完成。

进入 BIOS，设置第一个引导设备为硬盘驱动器，并存设置后退出 BIOS，安装步骤如下：

进入安装界面，选择安装语言，选择镜像所在的位置（自定义分区时不选择 U 盘），安装完成之后会显示“reboot”，不移除 U 盘，接着 grub 设置服务器硬盘启动。

系统安装时，根据计算机集群系统网络不同作用，需要选择个人桌面（Personal Desktop）、工作站（Workstation）、服务器（Sever）不同版本的安装类型（见图 1-5）。

如果是并行集群计算机系统安装，安装之前，常常需要先进行磁盘手动分区（见图 1-6）。

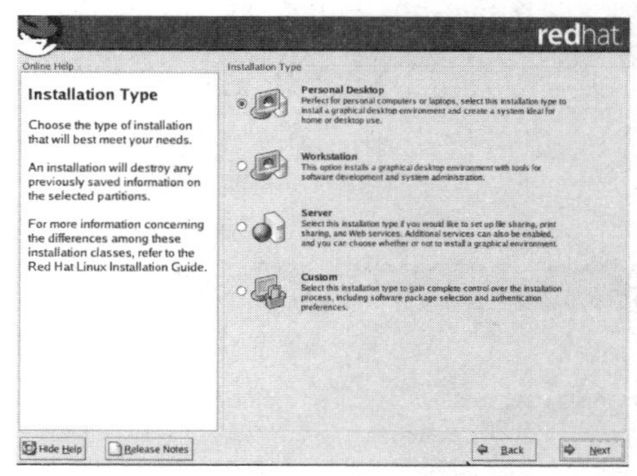

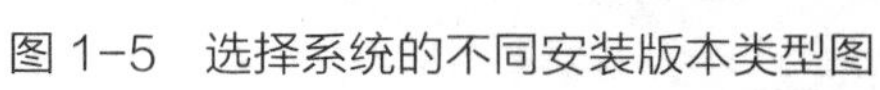
图 1-5 选择系统的不同安装版本类型图

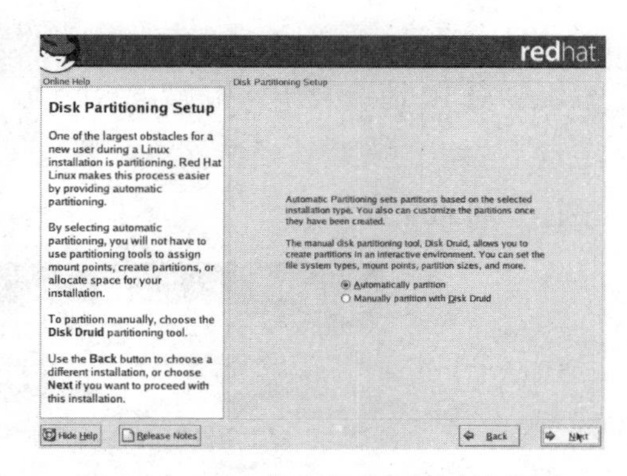

图 1-6 磁盘分区自动和手动选择图

对磁盘进行手动分区，选空盘新建分区大小，编辑是对分区文件类型空间大小的修改，检查硬磁盘设备类型，sda 表示 SCSI 硬盘，IDE 表示主盘是 hda 硬盘。选 ext3 文件类型挂载 /boot 文件。在新建分区，挂载 /home 文件，类型为 ext3，空间大小根据公司服务器要求是 10GB。确定进行下一步安装，新建下一个分区，根据要求，挂载 /var 文件，类型为 ext3，空间大小为 20GB。

确定进行下一步安装，新建 SWAP 交换分区，大小为内存的 1~2 倍，这里根据要求为 2G，分区全部分完后，确定一步进行安装。grub 引导装载程序配置，默认安装系统引导信息写到硬盘主引导扇区，grub 改变引导其他操作系统，还可以添加新的操作系统，按下一步确定后面的安装（见图 1-7）。

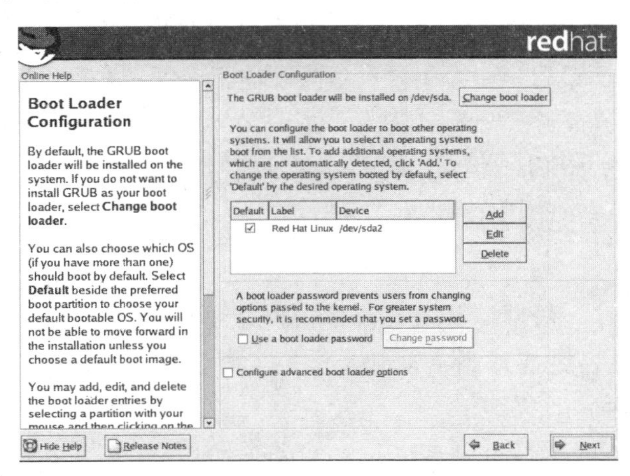

图 1-7　安装 grub 引导装载程序配置图

接下来进行网络配置，检测网卡设备，DHCP 自动分配或以后手工指定点编辑，对 IP 地址及子网掩码进行配置，填写网关与 DNS 等（见图 1-8），确定点下一步的安装，这些网络配置也可以在以后修改相应的配置文件，进行字符界面的配置。

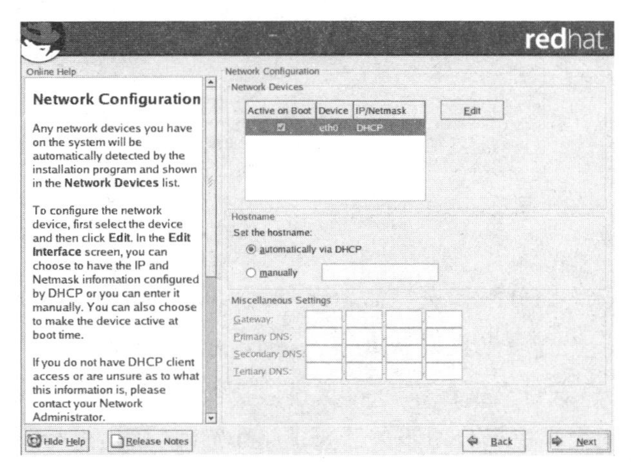

图 1-8　DHCP 网络配置图

1.2.3 VMware 虚拟机下安装 Red Hat

在个人计算机上安装虚拟机软件，利用该软件可以将物理计算机虚拟出若干个虚拟计算机，每台虚拟计算机可以运行独立的操作系统而不相互干扰。还可以将多个虚拟机连成一个网络，完成不具备多项单机、网络和不具备真实实验环境条件的实验。下载安装 VMware Workstation 虚拟机软件后，可以利用该软件在这台物理计算机上虚拟出若干虚拟计算机，在 VMware Workstation 主窗口中单击 New Virtual Machine 或者选择 File->New->Virtual Machine 命令，打开“新建虚拟机向导”对话框，继续单击“下一步”按钮，可以选择“我以后安装操作系统”单项选择按钮（见图 1-9）。

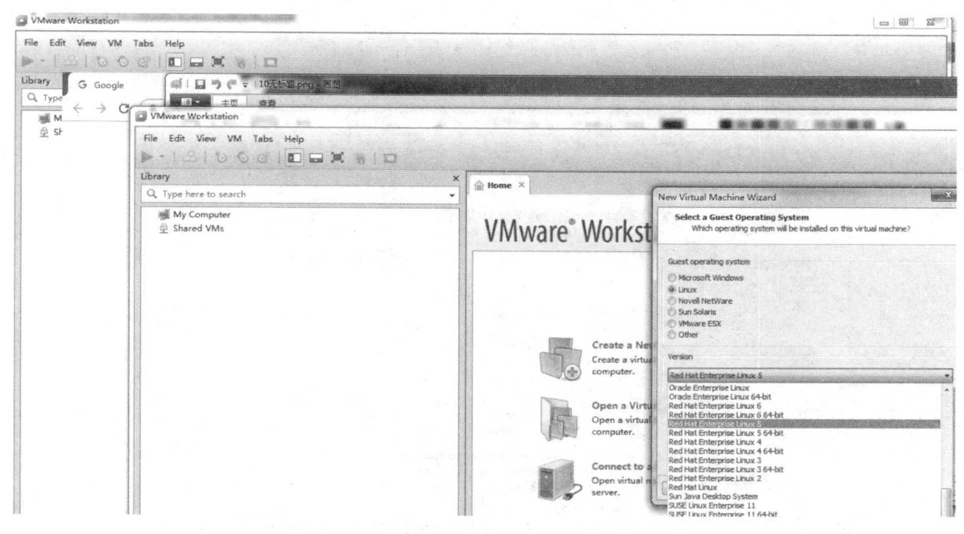

图 1-9 选择安装操作系统图

在 VMware 虚拟机中安装 Red Hat，可以选择光盘或 ISO 镜像文件安装。选择光盘引导时，需要进入 BIOS 设置，单击 VMware 标题栏“虚拟机”对话框，继续单击“电源”按钮，选择“启动时进入 BIOS”单项选择按钮，引导 CD 光盘安装；选择 ISO 镜像文件安装，依次单击 VMware 标题栏“虚拟机”“设置”“CD/DVD”按钮，选择“安装 ISO 镜像文件”单项选择按钮，单击浏览，找到 Red Hat 镜像文件，如图 1-10~ 图 1-12 所示引导安装。

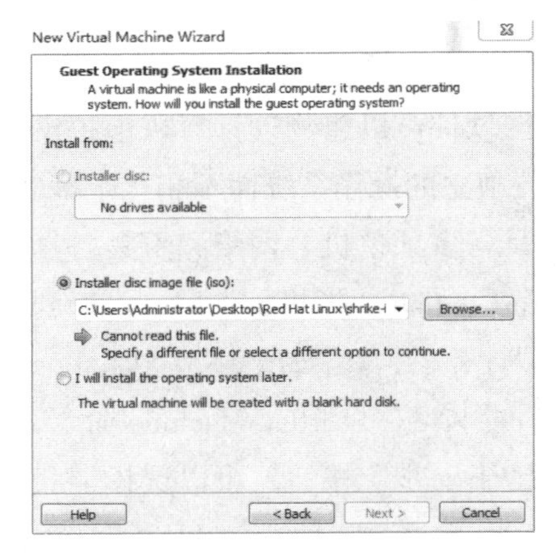

图 1-10　ISO 镜像文件安装选择图

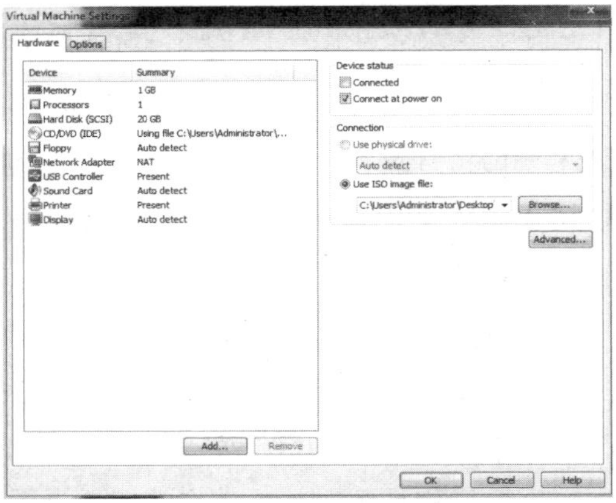

图 1-11　选择使用 ISO 镜像文件位置图（1）

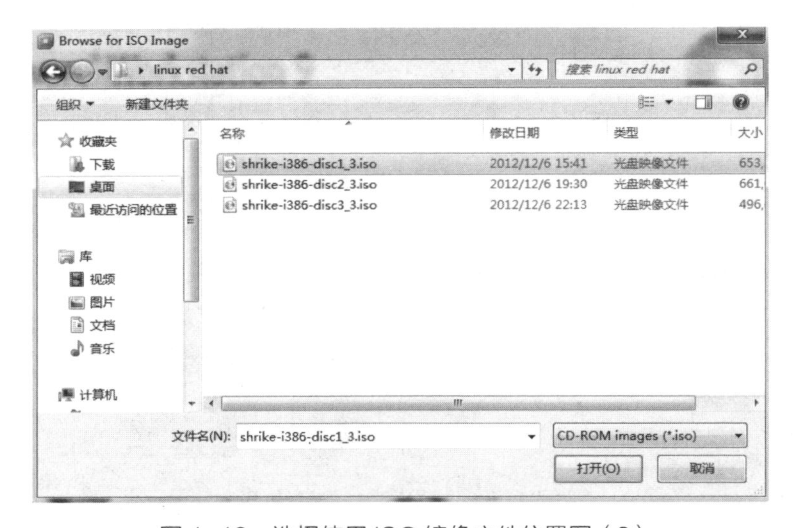

图 1-12　选择使用 ISO 镜像文件位置图（2）

安装第二个 ISO 镜像文件时，右键选中左侧创建的虚拟机，找到设置选项（如图 1-13 所示）。进入设置选项，单击 CD/DVD（IDE）设备。单击浏览，找到并打开第二个 ISO 镜像文件，勾选已连接，单击确定。特别需要注意的是："启动时连接"和"已连接"两个方框按钮要勾选上，单击确定，继续重复安装第三个 ISO 镜像文件。

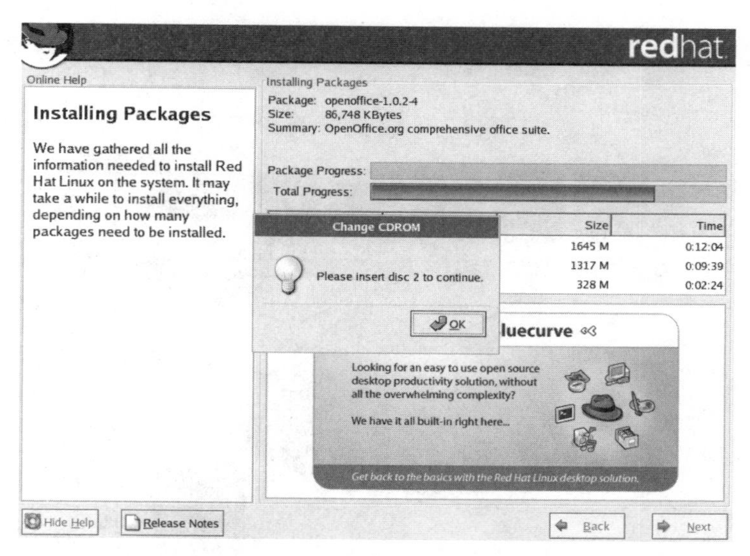

图 1-13 选择第二张 ISO 镜像文件图

1.3 并行集群机 Linux 系统的安装与搭建

利用计算机网络，将计算机连接起来，并安装 Linux 操作系统和管理集群计算机软件，可获得超强可靠的计算能力。Linux 集群技术已成为数百台计算机流行架构，2002 年，我国引进基于 Linux 平台的美国 IBM/Dell PC Cluster 系统并开始应用于国产的曙光 PC Cluster 系统。近年来 Linux 系统下刀片服务器集群技术在石油石化等各行业领域得到迅猛的发展，2005 年我国发布了基于 Linux 的国产数据处理解释一体化系统 GeoEast，中国石油大学（北京）采用四核 2.5GHz IBM 处理器，Linux/Unix 工作站，Sun、Dell、IBM、HP 等设备，并采用高速光纤存储 HDS AMS1000 设备网络环境，构建了 Linux 系统下并行集群计算系统（见图 1-14），并在 Linux 系统下安装了法国 CGG，以色列 Paradigm，美国 Omega、LandMark、ProMax 等石油勘探开发软件。

并行集群框架的搭建，需要根据计算机在集群网络中不同作用，按照图 1-5 选择系统的不同安装版本类型图，分别选择个人桌面（Personal Desktop）、工作站（Workstation）、服务器（Sever）不同版本的操作系统安装。

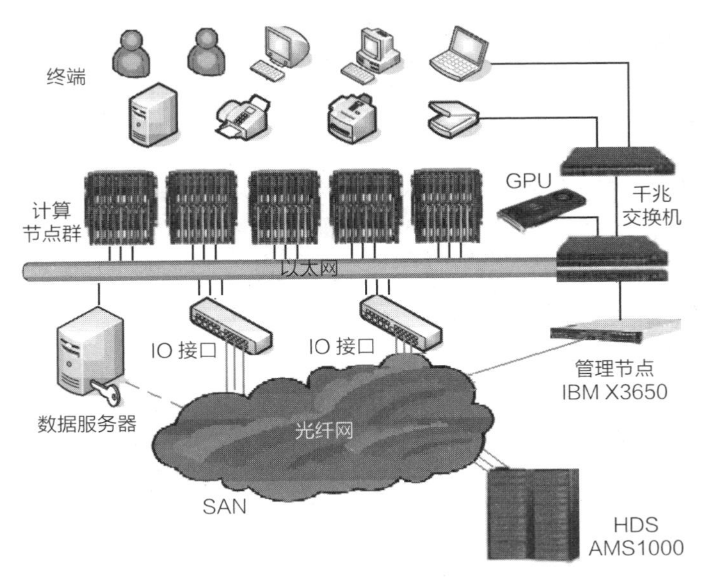

图 1-14　Linux 系统下并行集群网络图

1.3.1　安装管理节点

图 1-14 中的管理节点计算机通常安装两块网卡，首先规划管理节点计算机主机名和网卡 IP 地址。在管理节点安装服务器 Sever 版本的 Red Hat Linux 操作系统，系统安装过程这里不再叙述。然后在管理节点上安装集群 CLUSTER 管理软件，目前很多大公司都提供免费下载的管理节点软件。例如 IBM 公司的 xCAT 软件，xCAT（Extreme Cloud Administration Toolkit）是一个开源的可扩展的高级集群管理和配置工具，它允许使用者通过一个单点控制和管理一个集群系统，是 Liunx 高性能刀片集群管理软件。用户可以下载 xCAT，解压缩安装后，配置服务器时钟，启动 ntp 服务后，通过配置修改 /etc/hosts 文件，定义刀箱中的计算节点群，在集群中管理节点设置 DHCP，DNS 等服务，完成对集群的定义。再通过修改若干个表，完成集群中的网段、管理节点、目录，定义管理网络的拓扑，定义刀片服务器对应的管理模块和相应槽位，定义各个节点的类型（比如要安装什么版本的操作系统，节点是什么架构，管理模块的登录用户名和口令，安装完成后 root 用户的口令），完成对集群的定义。

重新编译安装xcat，设置刀片引导顺序，先从网络启动，创建DNS，收集MAC地址，创建dhcp服务，生成/etc/dhcpd.conf，对计算节点的MAC地址进行相应的绑定，并且重启dhcp服务，设置引导image，复制安装xcat post install相关文件，生成root ssh keys。如果Linux下机群不与外界Windows网络联网，则可以不考虑安全方面的因素，而把rsh选为可信赖的服务；如果与外界保持联网，需要把ssh选为可信赖的服务，保证各节点之间能够用ssh相互登录。

修改install.grub，引导安装管理节点。

1.3.2 安装计算节点

进入/opt/xcat/目录，一次安装node001~node088节点，安装完成后，收集key。

1.3.3 安装IO节点

首先需要对集群系统规划主机名、主机的IP地址和操作系统。

1.4 系统的运行级别与登录

1.4.1 系统的运行级别

Linux系统的默认运行级别可分为以下几个级别：

0—系统停机状态；1—单用户工作状态；2—多用户状态（没有NFS）；3—多用户状态（有NFS）；4—系统未使用，留给用户；5—X11控制台（xdm，gdm或kdm）；6—系统正常关闭并重新启动。

本地登录分为字符方式（运行级别3即runlevel 3）登录与图形方式（运行级别5即runlevel 5）登录。

1.4.2 字符界面登入

早期版本的Red Ha Linux系统，并行集群机Linux系统，通常不采用GNOME或KDE的X Window图形化操作，需要掌握常用Linux系统命令，使用字符命令行对系统进行操作，命令行也能节省系统的资源开销。虽然图形化操作简单，但是集群机 Linux 系统使用远程登录方式（telnet 或 ssh）进入字符命令行工作方式，ssh 是英文 secure shell 的缩写，用户在通过 ssh 连接到远程系统时在网络上传输的口令和数据都是经过加密的，比传统的 telnet 远程登录更加安全。

ssh 的使用方法：

以系统管理员 root 身份远程登录到 ip 地址为 192.168.1.100 的 Linux 系统。

例如：

```
# ssh root@192.168.1.100
```

以普通用户 user 身份登录 ip 地址为 192.168.1.100 的 Linux 系统。例如：

```
$ ssh user@192.168.1.100
```

Linux 系统中有 12 个系统虚拟控制台，默认开启 6 个（F1~F6），用于本地登录。所以第一个图形界面一般对应 Alt+F7，第二个是 Alt+F8，依次类推。如果当前在图形界面下，系统快捷键 Alt+Fn 已经被占用，我们需要用 Ctrl+Alt+Fn 来切换进入其他虚拟控制台。可以使用 <Ctrl+ALT+F1> 至 <Ctrl+ALT+F6> 组合键进行字符界面与 X-Windows 之间的切换。从图形界面中切换进入其他虚拟控制台，可能造成原图形界面关闭。

1.4.3 图形界面登录

当用户选择图形方式登录时，系统将运行 xdm、gdm 或 kdm 实现图形登录。“>”提示符与 home 目录：是一个可用来登录的账号（即 linux 系统的固有账号），它可以拥有自己的文件、目录，并且对自己的文件或目录有相应的权限，特殊 root 被称为超级用户，对系统有至高无上的控制权，不受任何限制。提示符的最后一个“#”字符：超级用户使用 #，一般用户使用 $，如：

```
[root @sever root] #  超级用户
[user01 @ localhost  user01]$  一般用户
```

登录后出现提示符和 home 目录是可以更改的，每一个用户的 home 目录可以用 ~ 来代表，一般用户的 home 目录集中在 /home 目录下，root 的 home 目录为 /root useradd 和 adduser 两个命令二者都可以使用。在 useradd 创建用户之后，虽然用户已存在但不能使用，需使用 password 激活这个账号。password

可以用来更改密码。当更改的新密码是坏密码时，root 会被警告，但仍可更改密码。一般用户则会被通知新密码被拒绝。好密码准则：至少 6 位但不多于 255 位，包含至少一个非字母字符，不是在字典中可以找到的词，构成不是太简单，或与原密码一样，不使用用户名作密码，密码不是一个敏感字符串，有一定意义且方便记忆。

1.4.4 用户身份切换

任一用户都拥有自己的环境变量，单用 su 的切换是不完整，用 su - 完整的切换成另一个用户。

root 切换成普通用户不需要密码。普通用户切换为其他用户需要对方用户的密码。

当需要退出当前用户时，用 Ctrl+D、exit 或 logout 退回上一个用户，当前为最后一个用户时退回登录窗口。

复习思考题

1. 什么是自由软件、开放源代码软件？其与共享软件有何区别？
2. 自由软件的创始人是谁？GNU 和 GPL 为何意？
3. Linux 系统与 Unix 系统有何异同？
4. Linux 系统有何特点？Linux 系统组成如何？
5. 什么是 Linux 系统的内核版本？什么是 Linux 系统的发行版本？常见的发行版本有哪些？

第2章

常用命令

CHAPTER 2

知识目标

1. 掌握 Linux 系统常用指令；
2. 掌握用户和组的创建及管理命令。

2.1 系统基础指令

掌握常用指令，对 Linux 系统文件、目录、磁盘管理，用户和组的创建及管理是非常必要的，下面介绍常用的基础指令。

Linux 系统下的文件或目录名，除了“/”之外，所有的字符基本都可以合法使用，以“.”开头的文件或目录是隐含的。

（1）通配符使用举例

1）ls *.c

列出当前目录下的所有 C 语言源文件。

2）ls /home/*/*.c

列出 /home 目录下所有子目录中的所有 C 语言源文件。

3）ls n*.conf

列出当前目录下的所有以字母 n 开始的 conf 文件。

4）ls test?.dat

列出当前目录下的以 test 开始的，随后一个字符是任意的 .dat 文件。

5）ls [abc]*

列出当前目录下的首字符是 a 或 b 或 c 的所有文件。

6）ls [!abc]*

列出当前目录下的首字符不是 a 或 b 或 c 的所有文件。

7）ls [a–zA–Z]*

列出当前目录下的首字符是字母的所有文件。

ls 是 list 的缩写，可以用来查看一个目录内有什么文件，或某一个文件是否存在。我们可以用 ls –l 来查看文件的详细信息。ls 相当于 dos 中的 dir。

（2）cp

cp 是 copy 的缩写，可以用来将一个文件复制为另一个文件。所以 cp 的格式应该是 cp［源文件］［目标文件］。cp 相当于 dos 中的 copy。

（3）mv

mv 是 move 的缩写，可以用来将一个文件移动到另一个位置。同时，移动的过程中可以改变文件的名字，当目标文件名与源文件名不一致时，mv 就起到了 rename 的作用。mv 相当于 dos 中的 move 和 rename。

（4）rm

rm 是 remove 的缩写，可以用来删除一个文件。rm 相当于 dos 中的 delete。

（5）touch

touch 可以用来创建一个空文件，但当 touch 的文件已存在时，touch 会将当前的系统时钟赋予该文件。

（6）cd

cd［绝对路径 / 相对路径］可以用来改变用户的当前路径。cd ..（在 cd 和 .. 之间有一个空格）可以回到上一层目录。直接键入 cd 可以回到该用户的 home 目录。cd 相当于 dos 中的 cd。

（7）绝对路径和相对路径

以 / 开头的是绝对路径，在系统中是唯一的。没有 / 即相对路径，其实际位置要根据当前的路径来决定。

（8）pwd

pwd 是 print name of current/working directory 的缩写，可以用来显示用户当前所在的绝对路径。

（9）mkdir

mkdir 是 make directory 的缩写，可以用来创立新的目录。mkdir 相当于 dos 中的 md。

（10）rmdir

rmdir 是 remove directory 的缩写，可以用来删除一个空的目录。当目录有内容存在的时候，我们通常用 rm - rf 来删除。

（11）cat

cat 是 concatenate 的缩写，所以它的作用其实是连接文件。但默认情况下它会将连接文件的结果送到标准输出。所以我们常用它来显示文件内容。cat 类似于 dos 中的 type。

（12）more

当一个文件的内容超过一屏后，我们可以用 more 这个指令来逐屏查看文件内容。

（13）less

less 在 more 的基础上，更可以逐行查看，前后翻页。

（14）date

显示系统的当前时间，也可以用来更改系统的当前时间。

（15）cal

显示系统时间所在月的月历，也可以用 cal 9 2020 这样的格式来要求显示 2020 年 9 月的月历。

（16）df

df 命令显示磁盘用量，加 –h 选项可以 KB、MB、GB 等单位输出，加 –H 也可以 KB、MB、GB 输出，但是是以 1000B 为 1KB，而非 1024B。

（17）du

du 命令计算目录下文件占用磁盘的大小，以 KB 为单位，也可加 –sh 选项。

例如：du –sh（ – sh 用来查看文件夹实际情况 ）。

（18）head

head 显示文件开头部分内容，默认显示十行参数，--lines 或者 －n 指明显示行数。

（19）tail

tail 显示文件结尾部分内容，命令用法同 head，参数 -f 显示文件的最新更新，用于监视日志文件。

（20）设备文件

Linux 把硬件设备都当作文件来处理，只不过它们是特殊的文件，并存放在 /dev 目录下。设备分为块设备（block）和字符设备（character）两种。在用 ls -l 命令显示时，设备文件的类型会在属性的第一位以“b”或者“c”分别表示。块设备是可随机读写的设备，例如硬盘；字符设备必须是顺序读写的，比如串口。

（21）帮助和在线帮助

1）指令 --help

例如：mkdir --help

2）man 指令

例如：man mkdir

（22）info 指令 a

例如：info mkdir

（23）ln 硬链接

语法：ln 源文件 新建链接名

（24）软链接

语法：ln －s 源文件 新建链接

2.2 用户管理命令

Linux 系统是多用户多任务的操作系统，允许多个用户，通过账号标识自己的身份，同时登录和使用操作系统，Linux 系统将用户账号分组，并依据用户的身份进行权限管理。掌握这些用户管理的基本命令，熟悉系统用户管理的机制，是系统管理员进行进程管理、系统监视以及日志查看的基础。

Linux 系统下的用户账户（简称用户）有两种普通用户账户：在系统上的任务是进行普通工作，超级用户账户（或管理员账户）：在系统上的任务是对普通用户和整个系统进行管理。每个用户都被分配了一个唯一的用户 ID 号（UID），超级用户：UID=0，GID=0，普通用户：UID>=500，系统用户（伪用户，不可登录）：0<UID<500。

（1）who

who 用来列出当前所有的在线用户，可以用于查询当前用户是谁。例如：

```
[root @localhost root] # who
root :0    Mar         8  08:38
```

（2）groups

查询当前用户属于哪些组，groups 用户名，可以查询某一指定用户属于哪些组。

```
[root @ localhost root] #groups root
Root : root bin daemon sys adm  disk wheel
```

（3）id

id 用于详细显示当前用户的 uid，gid，所属组。例如：

```
[root @stationxx root] # id
Uid=0 ( root ) gid=0 ( root )groups=0 ( root ),1 ( bin ),2 ( daemon ),3 ( sys )......
[root @stationxx root] # head  /etc/passwd
root:x:0:0:root:/root:/bin/bash
```

系统根据 /etc/login.defs 中的设定，使用 useradd 添加的账号，用户 UID 和组用户 GID 号的范围为 500~60000。Red Hat Linux 默认将用户密码存储在 /etc/shadow 文件中，shadow 文件支持密码过期设定等功能，文件中每一行表示一个系统用户的密码记录，用 : 分隔。

（4）useradd

用户管理命令有：useradd，usermod，userdel。

例 1：#useradd –d /home/user01 user01

```
#tail /etc/passwd
#tail /etc/shadow
#passwd user01
```

user02 user01

管理

合，每个组都被分配了一个唯一的组 ID 号（GID），组和
group 文件中，每个用户都有他们自己的私有组，每个用户
他组中来获得额外的存取权限，组中的所有用户都可以共
。

纳多个用户，若使用标准组，在创建一个新的用户时就应
户的组。

私有组

私有组中只有用户自己，当在创建一个新用户时，若没有指定他所属于的组，就建立一个和该用户同名的私有组，且用户被分配到这个私有组中。

一个标准组可以容纳多个用户。同一个用户可以同属于多个组，这些组可以是私有组，也可以是标准组。当一个用户同属于多个组时，将这些组分为：①主组（初始组）：用户登录系统时的组；②附加组：可切换的其他组。如果手工创建用户，则需复制该目录到用户主目录。

系统中组的信息，记录在 /etc/group 中，系统用户可以直接修改 /etc/group 文件达到更改组数据的目的，也可以使用以下指令：

groupadd：添加一个组；

groupdel：删除一个已存在组；

groupmod：更改组的信息。

用户也可以用 newgrp 指令改变当前所在组：

groupmod －n 原组名 新组名，为一个组更改名字；

gpasswd －a 用户组，将一个用户添加入一个组。

一个用户当前只可以属于一个组，这个组叫用户当前组。当用户建立文件时，文件的所属组就是用户当前组。

（3）/etc/group 文件

文件中的每一行代表一个组，用：隔开不同项。

1）group_name：组名

2）password：组密码（一般不用）

3）GID：组身份编号

组密码在用户使用 newgrp 切换当前组时可能会用到，一般我们

密码。在有需要的情况下可以使用 gpasswd 指令为组添加密码。密码

etc/gshadow 文件中。一个组的成员，除了组成员列表中记录的用户以

包括在 /etc/passwd 中的 gid，等于该组 gid 的用户。

（4）组管理命令

组管理命令有 : groupadd groupmod groupdel。

例 1：

```
# groupadd  stuff
#tail  -l  /etc/group
# passwd stuff
# useradd -g stuff  -G staff user01
# useradd -g stuff  -G stuff user02
```

–g 起始组；–G 附属组。

```
#gpasswd stuff
#gpasswd  –d user02 stuff
#usermod –g user01 user01
#groupdel stuff
```

使用 passwd [< 用户账号名 >]，设置权限和拥有者，使用举例如下：

```
$ passwd
# passwd
```

root 用户设置他人的口令：

```
# passwd user1
```

例 2：

```
# useradd -G staff user02
# passwd user02
```

例 3：

```
# userdel ftp1
# userdel –r user01 // 选项 -r 用于删除用户的宿主目录
```

例 4：

```
# groupadd mygroup
# groupadd -r sysgroup
# groupadd -g 888 group2
```

参数 –r 用于创建系统组账号（GID 小于 500），参数 –g 用于指定 GID。

```
# groupdel  mygroup
```

被删除的组账号必须存在，当有用户使用组账号作为私有组时不能删除，与用户名同名的私有组账号在使用 userdel 命令删除用户时被同时删除，无需使用 groupdel 命令。

```
# gpasswd -a user01 workgroup // 向标准组中添加用户 gpasswd -a < 用户账号名 >< 组账号名 > 或 usermod -G < 组账号名 >< 用户账号名 >
# usermod -G  workgroup  user01// 从标准组中删除用户 //gpasswd -d < 用户账号名 >< 组账号名 >
# gpasswd -d user01 workgroup
```

用户信息保存在 userfile.txt 文件，可以通过插卡这个文件获得用户信息。

例 5：

```
# vi userfile.txt
# cat userfile.txt
User01:x:1001:1001::/home/user01:/bin/bash
```

（5）su

直接切换为超级用户，普通用户要切换为超级用户必须知道超级用户的口令，适用于系统中只有单个系统管理员的情况。

（6）sudo

直接使用 sudo 命令前缀执行系统管理命令，执行系统管理命令时无需知道超级用户的口令，使用普通用户自己的口令即可，由于执行系统管理命令时无需知晓超级用户口令，所以适用于系统中有多个系统管理员的情况，因为这样不会泄露超级用户口令。当然，在系统只有单个系统管理员时也可以使用。

复习思考题

1. Linux 系统是如何标识用户和组的？
2. 什么是标准组？什么是私有组？为什么使用私有组？
3. 什么是主组？什么是附加组？以主组登录后如何切换到附加组？
4. 简述私有组和主组的关系，简述标准组和附加组的关系。
5. 举例说明创建一个用户账号的详细过程。
6. 如何设置用户口令？如何锁定用户账号？如何设置用户口令时效？

第 3 章 文件和目录的基本权限

CHAPTER 3

知识目标

1. 熟悉 Linux 系统对文件、目录、磁盘的常用命令；
2. 学会设置和管理口令，理解 Red HaLinux 系统的权限；
3. 熟悉账户配置文件，学会设置和管理口令；
4. 熟悉 Linux 文件系统概述及权限设置，学会挂装和卸装文件系统。

3.1 文件系统概述

Linux 文件系统是文件存放在磁盘等存储设备上的组织方法，通常是按照目录层次的方式进行组织，系统以 / 为根目录，与 Windows 系统不同，Linux 环境下没有盘符的概念。要对磁盘设备进行操作，需要使用磁盘设备名；要操作文件，则需挂装创建在分区或逻辑卷上的文件系统。IDE 接口硬盘的设备名均以 /dev/hd 开头；SCSI/SAS/SATA/USB 接口硬盘的设备名均以 /dev/sd 开头。数字编号 1~4 留给主分区或扩展分区使用，逻辑分区编号从 5 开始。在 Linux 系统上划分了分区之后，还要在分区上创建文件系统。Linux 下创建文件系统的操作相当于 Windows 下的磁盘格式化操作。Windows 系统常用的文件系统类型为 FAT32、NTFS。Linux 下常用的文件系统类型为 ext2/3/4、XFS、

JFS、ReiserFS 等。EXT2 和 EXT3 都是 Linux 操作系统默认使用的文件系统类型，EXT3 属于日志文件系统，是 EXT2 文件系统的升级版。

例如：IDE 硬盘设备使用 hdXN 表示，其中：X 表示 a,b,c 或 d 等设备文件名，系统中最多有四个 IDE 设备；N 是从 1~4 的数字，分别表示第 N 个主分区；逻辑分区是 5 以上的数字，逻辑分区使用 hda5、hda6 等设备文件名表示 /dev/hd a，用文件表示就买设备，其中，dev 代表所有硬件设备的目录，hd 代表 IDE 硬件设备，sd 代表 SCSI 设备，a5 代表同类型设备的编号，a 代表第一个硬盘，b 代表第二个硬盘，以此类推。

硬盘分区可分为主分区、扩展分区、逻辑分区（如图 3-1 所示）。主分区是硬盘的基本分区，可直接创建文件系统供操作系统使用；扩展分区是一种特殊的硬盘主分区，不能直接创建文件系统，需划分逻辑分区再加以使用；逻辑分区只能建立在扩展分区中，在逻辑分区中可以创建文件系统。

图 3-1　硬盘设备分区图

文件系统是在一个磁盘（硬盘、光盘及其他存储设备）上的目录结构，一个磁盘设备可以包含一个或多个文件系统。文件系统是在一个磁盘（硬盘、光盘及其他存储设备）上组织文件的方法。文件系统是文件的数据结构或组织方法。文件系统是基于被划分的存储设备上的一种文件的命名、存储、组织及读取的方法。

Linux 与 Windows 系统的磁盘分区图见图 3-2 和图 3-3。

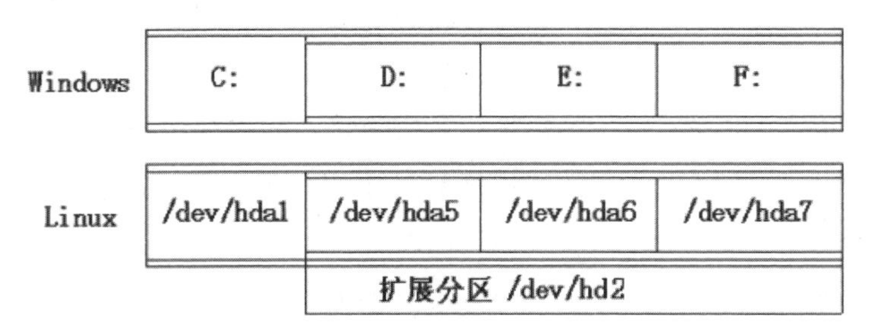

图 3-2　Linux 与 Windows 系统独立的磁盘分区图

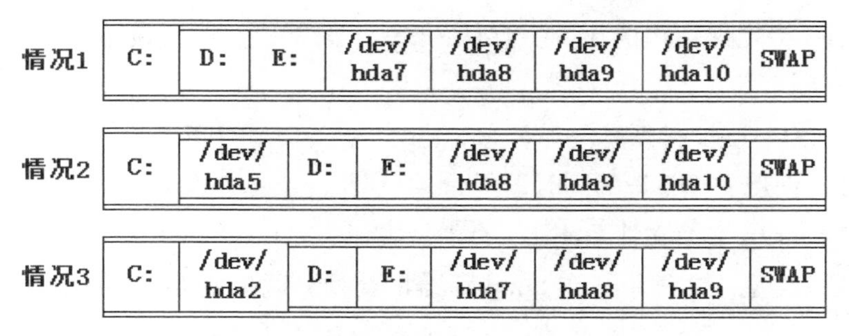

图 3-3　Linux 与 Windows 系统共存的磁盘分区图

一个文件系统是有组织存储文件或数据的方法，目的是易于查询和存取。文件系统是基于一个存储设备，比如硬盘或光盘，并且包含文件物理位置的维护。Linux 下的所有文件和目录以一个树状的结构组织构成了 Linux 中的文件系统。Linux 文件系统支持 ext3/ext4，JFS（IBM），XFS（SGI），vfat 等。

（1）Linux 使用的标准文件系统 ext2/ext3/ext4

linux ext2/ext3 文件系统使用索引节点来记录文件信息，作用像 Windows 的文件分配表。索引节点是一个结构，它包含了一个文件的长度、创建及修改时间、权限、所属关系、磁盘中的位置等信息。一个文件系统维护了一个索引节点的数组，每个文件或目录都与索引节点数组中的唯一一个元素对应。系统给每个索引节点分配了一个号码，也就是该节点在数组中的索引号，称为索引节点号。linux 文件系统将文件索引节点号和文件名同时保存在目录中。所以，目录只是将文件的名称和它的索引节点号结合在一起的一张表，目录中每一对文件名称和索引节点号称为一个连接。对于一个文件来说有唯一的索引节点号与之对应，对于一个索引节点号，却可以有多个文件名与之对应。因此，在磁盘上的同一个文件可以通过不同的路径去访问它。对于一个新建立的分区，需要重新启动系统，才能在其之上建立文件系统，例如：

```
[root @stationxx root]# mkfs –t vfat /dev/hda9
```

mke2fs 支持的常用参数：

–b：指定 block 的大小。

–c：在创建文件系统的同时检查区块是否有损坏。

–i：指定 bytes/inode 比率。

–N：指定 inode 总数。默认情况下由 block 数与 bytes/inode 比率算出。

–m：指定保留块的比率。默认为 5%。保留块一般会被用于文件交换等特殊工具。

–j：为 ext2 文件系统添加日志。

–L：创建文件系统的同时设定 label。

（2）swap 交换文件系统

swap 类型的文件系统在 Linux 系统的交换分区中使用，Linux 系统使用交换分区 / 文件实现虚拟内存技术，它是系统 RAM 的补充。基本设置包括：创建交换分区或者文件，使用 mkswap 创建交换文件系统，在 /etc/fstab 文件中添加适当的条目，从标准输入、文件或设备读取数据，依照指定的格式来转换数据，再输出至文件、设备或标准输出。

（3）FAT32/vfatWindows 文件系统、NFS 网络文件系统

Linux 支持对 FAT 格式文件系统（包括 FAT16 和 FAT32）的读写，支持对 NTFS 文件系统的读取，默认不支持对 NTFS 文件系统的写入。

（4）iso9660 标准光盘文件系统

在硬盘上创建分区或逻辑卷。

3.2 文件目录结构

Linux 系统使用树型目录结构（见图 3–4），在整个系统中只存在一个根目录（文件系统），Linux 系统中总是将文件系统挂载到树型目录结构中的某个目录节点中使用。

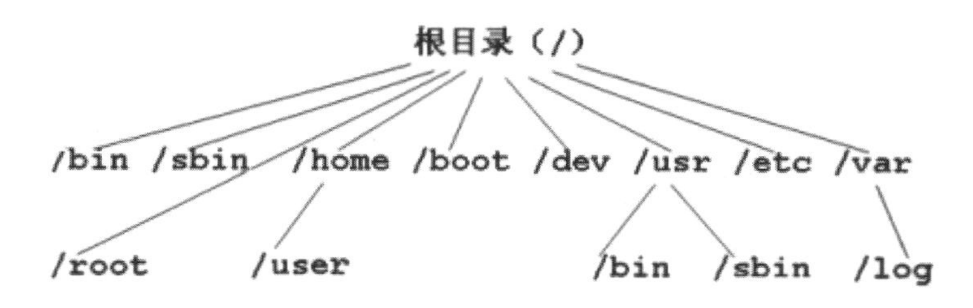

图 3–4　Linux 系统目录结构

一个起始目录，我们用一个单独的 / 来表示，称其为根目录。对每一个 shell 和操作环境，都有一个当前工作目录。

在每一个目录下都有一个 . 文件与 .. 文件。. 文件是对当前目录的一个硬连接；.. 文件是对上级目录的一个硬连接。

/ 根目录是 Linux 文件系统的起点，根目录所在的分区称为根分区。在根目录下的目录有：

/boot 这里存放的是启动 Linux 时使用的一些核心文件以及模块映像等启动用文件，包括一些链接文件以及镜像文件。

/bin bin 是 Binary 的缩写。这个目录存放系统基本的用户命令。

/sbin 用于存放系统基本的管理命令，管理员用户权限可以执行。

/var 这个目录中存放着系统中经常要变化的文件，如系统日志。

/dev dev 是 Device（设备）的缩写。该目录下存放的是 Linux 的外部设备，在 Linux 中访问设备的方式和访问文件的方式是相同的。

/etc 用来存放存储系统、服务的配置目录与文件，所有的系统管理所需要的配置文件和子目录。

/home 普通用户的主目录。在 Linux 中，每个用户都有一个自己的目录，一般该目录名是以用户的账号命名的。

/lib 这个目录里存放着系统最基本的动态链接共享库，诸如核心模块、驱动等，其作用类似于 Windows 里的 DLL 文件。几乎所有的应用程序都需要用到这些共享库。

/lost+found 这个目录一般情况下是空的，当系统非法关机后，这里就存放了一些 fsck 用的孤儿文件。

/mnt 加载文件系统时用的常用挂载点，在这里面中有四个目录，系统提供这些目录是为了让用户临时挂载其他文件系统的，可以将光驱挂载在 /mnt/cdrom 上，然后进入该目录，即可以查看光驱里的内容。

/root 该目录为系统管理员，也称作超级权限者的用户主目录。

/opt 第三方工具使用的安装目录。

/tmp 这个目录是用来存放一些临时文件的。很多应用程序和文件几乎都存放在这个目录里。/usr 目录是用户目录，进入这个目录，使用 ls 命令：[root@localhost usr]#ls，就能够看到 usr 目录下存在的内容。

说明：

/usr/X11R6 存放 X-Windows 的目录；

/usr/games 存放着 XteamLinux 自带的小游戏；

/usr/bin 存放着许多应用程序；

/usr/sbin 存放 root 超级用户使用的管理程序，存储系统管理用指令。

/usr/include 用来存放 Linux 下开发和编译应用程序所需要的头文件；

/usr/lib 存放一些常用的动态链接共享库和静态档案库；

/usr/local 是提供给一般用户的 /usr 目录，在这里安装一般的应用软件。

/proc 这个目录是一个虚拟的目录，它是系统内存的映射，可以通过直接访问这个目录来获取系统信息。这个目录的内容不在硬盘上而是在内存里，也可以直接修改里面的某些文件。

进入 proc 这个目录，使用 ls 命令：[root@localhost proc]#ls，就能够看到 proc 目录下存在的内容。

说明：

/proc/interrupts：IRQ 设置；

/proc/cpuinfo：CPU 信息；

/proc/dma：DMA 设置；

/proc/ioports：输入输出设置；

/proc/meminfo：系统内存使用状况；

/proc/loadavg：系统负载平均值；

/proc/uptime：系统运行时间与发呆时间；

/proc/version：Linux 核心版本、创建主机、创建时间等；

/proc/scsi：scsi 设备信息；

/proc/ide：ide 设备信息；

/proc/net：网络状态与配置信息；

/proc/sys：核心配置参数。

系统日志记录着系统运行中的记录信息，在服务或系统发生故障的时候，通过查询系统日志，可以帮助我们诊断。系统日志可以预警安全问题，系统日志一般都存放在 /var/log 目录下 /var/log/dmesg，此日志文件写在系统每次启动时，包含了核心装入时系统的所有输出数据。使用 dmesg 命令直接查看。

/var/log/messages：这是一份标准系统日志，记录着大部分系统服务的输出，包括启动时非关核心的一些输出。使用 tail 命令查寻文件的结尾。

/var/log/maillog：此日志包含所有由 sendmail 送出的信息和报错。

/var/log/xferlog：此日志用于记录所有由 ftp 服务汇报的讯息和报错。

/var/log/secure：此日志包含了所有与系统相关的讯息，诸如登录，tcp_wrapper 与 xinetd 服务。

/var/log/wtmp：系统的每一次登录，都会在此日志中添加记录。为了防止有人篡改，该文件为二进制文件。只能用 last 这一类的指令来读取。

3.2.1 挂载文件系统

（1）挂装文件系统格式

mount [选项] [< 分区设备名 >] [< 挂装点 >]

常用选项：

–t < 文件系统类型 >：指定文件系统类型；

–r ：使用只读方式来挂载 ；

–a：挂装 /etc/fstab 文件中记录的设备；

–o iocharset=cp936：使挂装的设备可以显示中文文件名；

–o loop：使用回送设备挂装 ISO 文件和映像文件。

mount 命令举例 $ mount：

$ mount -l

$ mount --guess /dev/sda3

mount –t ext3 /dev/sdb1 /opt

mount –t vfat /dev/hda6 /mnt/win

对于可移动介质上的文件系统，当使用完毕，可以使用 umount 命令实施卸装操作。

（2）卸装文件系统格式

umount 命令的格式：

umount < 分区设备名或挂装点 >

举例：

umount /dev/hda6

umount /dev/sdb1

umount /opt

（3）系统启动时自动挂装文件系统

可以使用 fdisk 命令创建分区。使用 LVM 的相关命令创建逻辑卷，在分区 /LV 上建立文件系统，类似于在 Windows 下进行格式化操作。挂装文件系统到系统中，启动时自动挂装需要编辑“/etc/fstab”文件，在文件中添加相应的配置行。配置 /etc/fstab 文件，fstab（file system table）是一个纯文本文件，开机后，系统会自动搜索该文件中的内容，对列于该文件中的文件系统进行自动挂载。系统重启时保留文件系统体系结构，配置文件系统体系结构，被 mount、fsck 和其他程序使用，使用 mount -a 命令挂载 /etc/fstab 中的所有文件系统，可以在设备栏使用文件系统卷标。

3.2.2 挂载可移动介质

图 3-5 是在 Linux 系统下挂载 U 盘后，输入 fdisk 命令查看硬盘分区及挂载情况，图中 sda1、sda2 为 Linux 主分区，sda3 为交换分区、sdb 为第二块磁盘（USB）。所有这些设备均表示为 /dev 目录中的一个文件。

```
[root@localhost root]# cd /mnt
[root@localhost mnt]# mkdir jk
[root@localhost mnt]# fdisk -l

Disk /dev/sda: 17.1 GB, 17179869184 bytes
255 heads, 63 sectors/track, 2088 cylinders
Units = cylinders of 16065 * 512 = 8225280 bytes

   Device Boot    Start       End    Blocks   Id  System
/dev/sda1   *         1        13    104391   83  Linux
/dev/sda2            14      1834  14627182+  83  Linux
/dev/sda3          1835      2088   2040255   82  Linux swap

Disk /dev/sdb: 31.0 GB, 31004295168 bytes
39 heads, 1 sectors/track, 1552699 cylinders
Units = cylinders of 39 * 512 = 19968 bytes

   Device Boot    Start       End    Blocks   Id  System
/dev/sdb1   *      2396   1552700  30230912    c  Win95 FAT32 (LBA)
```

图 3-5　挂载可移动介质图

3.3 查看磁盘限额

在多用户的 Linux 系统上，需要给用户分配磁盘限额，用户使用额定的磁盘空间。查看指定用户或组的磁盘限额使用 quota 功能。

quota [-vl] [-u <username>]

quota [-vl] [-g <groupname>]

quota -q ，显示文件系统的磁盘限额汇总信息，显示指定文件系统的磁盘限额汇总信息。

repquota [-ugv] filesystem，显示所有文件系统的磁盘限额汇总信息。

repquota [-augv]

3.4 权限管理

Linux 是多用户的操作系统，允许多个用户同时在系统上登录和工作。在 linux 中，所有东西都被当成文件。文件权限前的第一个字母用来标识文件类型：

-：一般文件；

d：目录文件；

b：块设备文件；

c：字符设备文件；

l：链接文件；

p：人工管道。

3.4.1 文件和目录权限

对于每一个文件，Linux 都提供了一套文件权限系统。超级用户具有一切权限，普通用户只能不受限制地操作主目录及其子目录下的所有文件，对系统中其他目录 / 文件的访问受到限制，操作文件的用户分为三类：文件的拥有者（u）、文件所属组的成员（g）、其他用户（o）。

权限对于文件或目录具有不同的概念，见表 3–1。

表 3–1 文件或目录的三种基本权限

权　限	描述字符	对文件的含义	对目录的含义
读权限	r	可以读取文件的内容	可以列出目录中的文件列表
写权限	w	可以修改或删除文件	可以在该目录中创建或删除文件或子目录
执行权限	x	可以执行该文件	可以使用 cd 命令进入该目录

Linux 文件系统安全模型是通过给系统中的文件赋予两个属性来起作用的，这两个赋予每个文件的属性称为所有者（ownership）和访问权限（access rights）。

Linux 下的每一个文件必须严格地属于一个用户和一个组。每个文件的目录条目都是以下面类似的一些符号开始：

```
[root@localhost root]# ls -l install.log
-rw- r-- r-- 1 root root 15755 Oct 30 22:08 install.log
[root @ localhost ~]# ls -l docs
drwxr-xr-x  2 root    family   4096 03-26 21:4  docs
```

说明：

drwxr-xr-x

上述是输入 ls–1 命令，以长格式形式的显示。

上述格式遵循下列规则：第 1 个字符表示一种特殊的文件类型。其中第一列字符可为 d（表示该文件是一个目录）、b（表示该文件是一个系统设备，使用块输入 / 输出与外界交互，通常为一个磁盘）、c（表示该文件是一个系统设备，使用连续的字符输入 / 输出与外界交互，如串口和声音设备），“–”表示该文件是一个普通文件，没有特殊属性。第 2 ~ 4 列字符用来确定文件的用户（user）权限，第 5 ~ 7 列字符用来确定文件的组（group）权限，第 8 ~ 10 列字符用来确定文件的其他用户（other user，既不是文件所有者，也不是组成员的用户）的权限。其中，2、5、8 列字符是用来控制文件的读权限的，该位字符为 r 表示允许用户、组成员或其他人从该文件中读取数据。短线“–”则表示不允许该成员读取数据。与此类似，3、6、9 列的字符控制文件的写权限，该位若为 w 表示允许写，若为“–”表示不允许写。4、7、10 列的字符用来控制文件的制造权限，该位若为 x 表示允许执行，若为“–”表示不允许执行，文件权限类型对于每一类用户，权限系统又分别提供给他们三种权限：

读（r）：用户是否有权力读文件的内容；

写（w）：用户是否有权利改变文件的内容；

执行（x）：用户是否有权利执行文件。

上述这些符号用来描述文件或目录的访问权限类别，这些访问权限指导 Linux 根据文件的用户和组所有权来处理所有访问文件的用户请求。总共有

10种权限属性，因此一个权限列表总是10个字符的长度。

使用ls -l命令输出的第一列成为文件或目录的权限字符串。表3-2给出几个权限字符串的说明。

表3-2 文件权限字符串说明

字符串	八进制数值	说 明
-rw-------	600	只有属主才有读取和写入的权限
-rw-r--r--	644	只有属主才有读取和写入的权限；同组人和其他人只有读取的权限
-rwx------	700	只有属主才有读取、写入和执行的权限
-rwxr-xr-x	755	属主有读取、写入和执行的权限；同组人和其他人只有读取和执行的权限
-rwx--x--x	711	属主有读取、写入和执行权限；同组人和其他人只有执行权限
-rw-rw-rw-	666	每个人都能够读取和写入文件
-rwxrwxrwx	777	每个人都能够读取、写入和执行
drwx------	700	只有属主能在目录中读取、写入
drwxr-xr-x	755	每个人都能够读取目录，但是其中的内容却只能被属主改变

3.4.2 改变文件权限

系统管理员root和文件的拥有者，可以使用chmod命令来改变文件的当前权限，以下是文字模式修改文件或目录的权限。目录也是一种文件，目录上的读写执行权限与普通文件有所不同：

读：用户可以读取目录内的文件；写：单独使用没有作用，与执行权限连用可以在目录内添加与删除文件；执行：用户可以进入目录，调用目录内的资料。

chmod [-R] 权限 文件名或目录名

chmod [who] [+|-|=] [permission] 文件或目录名

例如：chmod [who] [+|-|=] [permission] 文件或目录名

chmod u+rw myfile 属主用户对文件myfile有读、写权限。

chmod a+rx,u+w myfile 所有用户对文件myfile有读、执行权限，同

组用户有写权限。

chmod a+rwx ,g−w,o−w myfile 所有用户对文件 myfile 加读、写、执行权限，同组用户删掉写权限，其他用户去掉写权限。

文件或目录的权限也可以使用数字来改变，chmod 后可以用三个数字来表示用户权限：第一位代表文件拥有者权限；第二位代表文件所属组成员权限；第三位代表其他用户权限；每一个数字都采用加和的方式。

4（读）2（写）1（执行）

例如：chmod 750 myname.txt

设定文件 myname.txt 的权限属性为：−rwxr−x−−−

chmod 644 myname.txt

设定文件 myname.txt 的权限属性为：−rw−r−−r−−

3.4.3 强制位与冒险位

除了读写执行权限以外，ext2 文件系统还支持强制位（setuid 和 setgid）与冒险位（sticky）的特别权限。

针对 u，g，o，分别有 set uid，set gid 及 sticky。

强制位与冒险位添加在执行权限的位置上。如果该位置上原已有执行权限，则强制位与冒险位以小写字母的方式表示，否则，以大写字母表示。

set uid 与 set gid 在 u 和 g 的 x 位置上各采用一个 s，sticky 使用一个 t。

（1）set gid 对目录的作用

默认情况下，用户建立的文件属于用户当前所在的组。

目录上设置了 setgid，表示在此目录中，任何人建立的文件，都会属于目录所属的组。

（2）冒险位对目录的作用

默认情况下，如果一个目录上有 w 和 x 权限，则任何人可以在此目录中建立与删除文件。

一旦目录上设置了冒险位，则表示在此目录中，只有文件的拥有者、目录的拥有者与系统管理员可以删除文件。

（3）强制位对文件的作用

在可执行文件上，用户可以添加 set uid 和 set gid。

默认情况下，用户执行一个指令，会以该用户的身份来运行进程。

指令文件上的强制位，可以让用户执行的指令，以指令文件的拥有者或所属组的身份运行进程。

（4）设置强制位与冒险位

用户可以用 chmod 指令来为文件设置强制位与冒险位。

set uid：chmod u+s 文件名

set gid：chmod g+s 文件名

sticky：chmod o+t 文件名

强制位与冒险位也可以通过一个数字加和，放在读写执行的三位数字前来指定。

4（set uid）

2（set gid）

1（sticky）

（5）umask

每个用户建立文件时，此文件都会有默认权限。

默认权限的值由环境中的 umask 值来确定。

用户可以自主改动 umask 值，并在改动后建立的文件上得到体现。

一般用户的默认 umak 值为 002，系统用户的默认 umask 值为 022。

复习思考题

1. 什么是 Linux 文件系统？Linux 下常用的文件系统有哪些？
2. 非日志文件系统和日志文件系统有何区别？
3. 简述在 Linux 环境下使用文件系统的一般方法。
4. 如何创建文件系统？创建文件系统的操作类似于 Windows 下的什么操作？如何设置 ext2/3 文件系统的属性？
5. 如何挂装和卸装文件系统？
6. 如何直接挂装使用 ISO 文件和 IMG 文件？
7. 如何在系统启动时自动挂装文件系统？简述 /etc/fstab 文件各个字段的含义。

8. 什么是磁盘限额？为何要设置磁盘限额？什么是硬限制、软限制和时限？
9. 磁盘限额可以从哪两方面限制用户的使用？
10. 常用的文件和目录操作命令有哪些？各自的功能是什么？
11. 常用的信息显示命令有哪些？各自的功能是什么？
12. Linux 文件系统的三种特殊权限是什么？何时使用它们？
13. 简述 chmod 命令的两种设置权限的方法。
14. 如何更改文件或目录的属主和 / 或同组人？

第 4 章

文本编辑工具

CHAPTER 4

知识目标

1. 掌握文本文件操作命令；
2. 学会使用 vi、vim 文本编辑器。

4.1 文本编辑工具 vi、vim

vi 是“Visual interface”的简称，它可以执行输出、删除、查找、替换、块操作等众多文本操作，而且用户可以根据自己的需要对其进行定制，这是其他编辑程序所没有的。vi 不是一个排版程序，它不像 MS Word 或 WPS 那样可以对字体、格式、段落等其他属性进行编排，它只是一个文本编辑程序。vi 是全屏幕文本编辑器，它没有菜单，只有命令。vim 即 vi IMproved，vi 克隆版本之一。

4.2 vi/vim 工作模式

vi 的 3 种运行模式如图 4-1 所示。

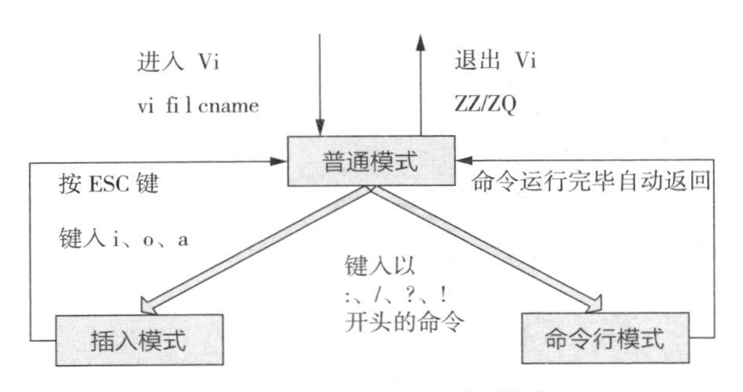

图 4-1　vi 的 3 种运行模式

在 Shell 中输入 vim 启动编辑器时，即进入该模式。

（1）普通模式下的操作

无论什么时候，不管用户处于何种模式，只要按一下 Esc 键，即可使 vim 进入普通（Normal）模式。在该模式下，用户可以输入各种合法的 vim 命令，用于管理自己的文档。此时从键盘上输入的任何字符都被当作编辑命令来解释。若输入的字符是合法的 vim 命令，则 vim 在接受用户命令之后完成相应的动作。但需注意的是，所输入的命令并不在屏幕上显示出来。若输入的字符不是 vim 的合法命令，vim 会响铃报警。在 Normal 模式下输入插入命令 i、附加命令 a、打开命令 o、修改命令 c、取代命令 r 或替换命令 s 等都可以进入插入（Insert）模式。

（2）插入模式

在该模式下，用户输入的任何字符都被 vim 当作文件内容保存起来，并将其显示在屏幕上。在文本输入过程中，若想回到 Normal 模式下，按 Esc 键即可。

（3）命令模式

Normal 模式下，用户按冒号“:”即可进入命令（Command）模式，此时 vim 会在显示窗口的最后一行（屏幕的最后一行）显示一个“:”作为 Command 模式的提示符，等待输入命令。多数文件管理都是在此模式下执行的（如保存文件等），Command 模式中所有的命令都必须按 <回车> 后执行，命令执行完后，vim 自动回到 Normal 模式。若在 Command 模式下输入命令过程中改变了主意，可按 Esc 键，或用退格键将输入的命令全部删除之后，再按一下退格键，即可使 vi 回到 Normal 模式下。

Command 模式下的基本操作：

:n1,n2 co n3　　　　用于块复制

:n1,n2 m n3　　　　用于块移动

:n1,n2 d　　　　　用于块删除

:w　保存当前编辑文件，但并不退出

:w newfile　存为另外一个名为“newfile”的文件

:wq 用于存盘退出 vi

:q! 用于不存盘退出 vi

:q　用于直接退出 vi（未作修改）

例如：Command 模式下的重定向操作。重定向，就是不使用系统的标准输入端口、标准输出端口或标准错误端口，而进行重新的指定，所以重定向分为输出重定向、输入重定向和错误重定向。通常情况下重定向到一个文件。在 Shell 中，要实现重定向主要依靠重定向符实现，即 Shell 是检查命令行中有无重定向符来决定是否需要实施重定向。

```
$ ls -l /tmp >mydir
$ ls -l /etc >>mydir
$ myprogram 2> err_file
$ myprogram &> output_and_err_file
$ find ~ -name *.mp3 > ~/cd.play.list
$ echo “Please call me : 68800000”>message
$ cat <<! >mytext
> This text forms the content of the heredocument ,
> which continues until the end of text delimiter
> !
```

复习思考题

1. vi 的 3 种运行模式是什么？如何切换？
2. 什么是重定向？什么是命令替换？
3. Shell 变量有哪几种？如何定义和引用 Shell 变量？
4. 登录 Shell 和非登录 Shell 的启动过程是怎样的？

第5章 Shell 脚本编程

CHAPTER 5

知识目标

1. 掌握 Shell 变量的定义、作用域和使用；
2. 掌握基本 Shell 编程。

5.1 Shell 简介

Shell 是系统的用户界面，提供了用户与内核进行交互操作的一种接口（命令解释器）。它接收用户输入的命令并把它送入内核去执行，起着协调用户与系统的一致性和在用户与系统之间进行交互的作用。Shell 在 Linux 系统上具有极其重要的地位。Shell 的主要版本，bash 是大多数 Linux 系统的默认 Shell。bash 与 bsh 完全向后兼容，并且在 bsh 的基础上增加和增强了很多特性。bash 也包含了很多 C Shell 和 Korn Shell 中的优点。bash 有很灵活和强大的编程接口，同时又有很友好的用户界面。tcsh 是 C Shell 的扩展。tcsh 与 csh 完全向后兼容，但它包含了更多的使用户感觉方便的新特性，其最大的提高是在命令行编辑和历史浏览方面。

最简单的 Shell 命令只有命令名，复杂的 Shell 命令可以有多个选项和参数。选项和参数都作为 Shell 命令执行时的输入，它们之间用空格分隔开。

Shell 命令可分为以下三种：

1）内置命令：出于效率的考虑，将一些常用命令的解释程序构造在 Shell 内部；

2）外置命令：存放在 /bin、/sbin 目录下的命令；

3）实用程序：存放在 /usr/bin、/usr/sbin、/usr/share、/usr/local/bin 等目录下的实用程序。

外置命令是用户程序，经过编译生成可执行文件，可作为 Shell 命令，独立运行 Shell 脚本程序；外置命令是由 Shell 语言编写的批处理文件，可作为 Shell 命令运行。Shell 脚本类似于 dos 下的批处理文件，但功能要远比批处理文件强大。结合一些系统服务，例如守护进程，可以帮助我们自动完成文件维护、进程监视等工作。Linux 中的 Shell 有许多种类型。其中常见的有 Bourne Shell、C Shell 和 Korn Shell。Bourne Shell 是大多数 Linux 默认的、初始的 Shell，最常用的 Shell 脚本有：

1）/etc/rc.sysinit: 系统初始化脚本；

2）/etc/rc.local : 很像 Dos 下的 autoexec.bat 的系统用户自定义启动脚本；

3）/etc/profile : bash shell 的登录脚本之一。

Shell 脚本是纯文本文件。Shell 脚本通常以 .sh 作为后缀名，但不是必须。Shell 脚本是以行为单位的，在执行脚本的时候会分解成一行一行依次执行。Shell 是一种功能强大的解释型编程语言，通常用于完成特定的、较复杂的系统管理任务，Shell 脚本语言非常擅长处理文本类型的数据。

Shell 脚本的建立：

使用文本编辑器编辑脚本文件，$ vi script–file 为脚本文件添加可执行权限，$ chmod +x script–file

Shell 脚本的执行：

在子 Shell 中执行如下命令：

```
$ bash script-file
$ script-file
```

或者在当前 Shell 中执行：

```
$ source script-file
$ .script-file
```

5.2 Shell 基本语法、功能

Shell 脚本以 #! 开头：通知系统用何解释器执行此脚本。

#!/ bin/bash

#!/ bin/ksh

5.2.1 参数与数据组输入输出

read 支持参数与数据组输入，echo、printf 作为处处输出。例如：

read –p ‘please input your names：’

username1 username2 username3

在屏幕上显示“please input your name”后再等待输入 username1，username2 和 username3 的值。

echo 支持用 –e 参数，对其后字符串中包含的特殊字符转义。

Shell 脚本举例：

```
#! /bin/bash
# This is the first Bash shell program
# Scriptname: hello.sh
echo
echo -e "Hello $LOGNAME, \c"
echo   "hello world."
echo -n "Your present working directory is: "
pwd # Show the name of present directory
echo
echo -e "The time is’date +%T’!. \nBye"
echo
```

一个 Shell 脚本的第一行，可以做特别定义：

第一个字符非 #，表示这是一个 bash 脚本。

第一个字符是 #，但第二个字符不是 !，表示这是一个 b Shell 脚本。

第一个字符是 #，且第二个字符是 !，表示调用其后指定的 Shell 来执行这个脚本。

当定义了脚本解释器，但这个脚本解释器又不存在，那么这个脚本就不能正常运行。

输入 / 输出举例 1:

```
#!/bin/bash
var1="Testing"
var2=65535
printf "var1 is %10.5s \n" $var1
printf "var1 is %7.7s \n" $var1
printf "var2 is %5.5e \n" $var2
printf "var2 is %2.1e \n" $var2
Output:
var 1  is Testi
var 1  is Testing
var 2  is 6.5350e+04
var 2  is 6.5e+04
```

输入 / 输出举例 2：

```
#!/bin/bash
# This script is to test the usage of read
# Scriptname: ex4read.sh
echo "=== examples for testing read ==="
echo -e "What is your name? \c"
read name
echo "Hello $name"
echo
echo -n "Where do you work? "
read
echo "I guess $REPLY keeps you busy!"
echo
read -p "Enter your job title: "
echo "I thought you might be an $REPLY."
```

echo

echo "=== End of the script ==="

同时输出多行信息

echo "

Line1

Line2

"cat <<_END_

Line1

Line2

END

printf 可用来按指定的格式输出变量

printf "%-12.5f\n" 123.456

sh / 路径 / 脚本名，不需要为脚本添加 x 权限。表示激活一个子 Shell 去执行脚本，/ 路径 / 脚本名，以绝对路径的方式运行脚本，需要为脚本添加 x 权限（chmod u+x filename），即将脚本当成一个可执行的文件去执行。如果该脚本已在 $PATH 中，则不需要指定路径。同样，系统会为该脚本激活一个子 Shell。

. / 路径 / 脚本名，以相对路径的方式运行脚本，需要为脚本添加 x 权限。将脚本在当前 Shell 下执行。

数组变量举例：

declare -a stu

stu=（math1101 math1102 math1103）

echo ${stu[0]} # 列出 stu 的第一个元素

echo ${stu[*]} # 列出 stu 的所有元素

echo ${#stu[*]} # 给出数组 stu 中元素的个数

内置命令 declare 可用来声明变量

5.2.2 分支流程控制

分支结构 if，当条件为真时，执行 then 后的动作。elif 在 if 判断为假时才做判断，else 在 if 与 elif 都为假时执行。

（1）分支结构 if 举例 1

```
#! /bin/sh
read –p “Enter a password ” pwd_entered
if [ “$pwd_entered” = “password” ]
then
     echo Password is correct
else
     echo Password is incorrect
fi
```

（2）分支结构 if 举例 2

```
#! /bin/bash
## filename: ask-age.sh
read -p "How old are you? " age
```

（3）分支结构 if 举例 3

```
# 使用 Shell 算术运算符（（ ））进行条件测试
if （（ age<0||age>120 ））; then
  echo "Out of range !"
  exit 1
fi
```

除了上述分支结构，还有 case 等多分支结构，case 根据表达式的值（表达式中通常会包含变量），寻找匹配项执行动作。可以用于取代一组 if 语句。

5.2.3 循环流程控制

循环控制的方法有 for 循环、do while 等多种。

for 循环语法：

```
for variable in list
# 每一次循环，依次把列表 list 中的一个值赋给循环变量。
do # 循环体开始的标志；
commands  # 循环变量每取一次值，循环体就执行一遍；
done  # 循环结束的标志，返回循环顶部。
```

（1）for 循环举例 1

```
#!/bin/bash
# 使用字面字符串列表作为 WordList
for x in centos ubuntu gentoo opensuse
do  echo "$x" ;
done
# 若列表项中包含空格必需使用引号括起来
for x in Linux "Gnu Hurd" FreeBSD "Mac OS X"
do  echo "$x" ;
done
for x in ls "df -h" "du -sh"
do
   echo "==$x==" ; eval $x
done
```

（2）for 循环举例 2

```
#!/bin/bash
## filename: variable_as_list.sh
# 使用变量作为 WordList
i=1; weekdays="Mon Tue Wed Thu Fri"
for day in $weekdays ;
do
  echo "Weekday $((i++)): $day"
if [$i –eq 3 ]; then
break
fi
done
OSList="Linux 'Gnu Hurd' FreeBSD 'Mac OS X'"
for x in $OSList Others ; do
  echo "$x"
done
```

（3）for 循环举例 3

```
#!/bin/bash
## filename: filenames_as_list.sh
# 使用文件名或目录名列表作为 WordList
# 将当前目录下的所有的大写文件名改为小写文件名
for filename in * ; do
# 使用命令替换生成小写的文件名，赋予新的变量 fn
fn=$（echo $fname | tr A-Z a-z）
# 若新生成的小写文件名与原文件名不同，改为小写的文件名
if [[ $fname != $fn ]] ; then mv $fname $fn ; fi
# 上面的 if 语句与下面的命令聚合均等效
# [[ $fname != $fn ]] && mv $fname $fn
# [[ $fname == $fn ]] || mv $fname $fn
done
for fn in /etc/[abcd]*.conf ; do echo $fn ; done
for fn in /etc/cron.{*ly,d}/* ; do echo $fn ; done
for i in *.zip; do
 j="${i%.zip}"; mkdir "$j" && unzip -d "$j" "$i"
done
```

（4）break 和 continue 退出当前循环

如果是嵌套循环，则 break 命令后面可以跟一数字 n，表示退出第 n 重循环（最里面的为第一重循环）。

```
#!/bin/bash
## filename: for-loop_and_break.sh
i=1
for day in Mon Tue Wed Thu Fri
do
  echo "Weekday $（（i++））: $day"
  if [ $i -eq 3 ]; then
    break
```

```
  fi
done
```

5.2.4 循环流程控制（C 语言型）

（1）for 循环（C 语言型）举例 1

```
#!/bin/bash
## filename: for--C-style.sh
for((i=0; i<10; i++)); do echo $i; done
for(( i=1; i <= 10; i++ ))
do
  echo "Random number $i: $RANDOM"
done
for((i=1, j=10; i <= 5 ; i++, j=j+5)); do
  echo "Number $i: $j"
done
```

（2）for 循环（C 语言型）举例 2

```
#!/bin/bash
## filename: for--C-style_sum.sh
s=0
for((i=1; i<=100; i++)); do let s=$s+$i ; done
echo sum\(1..100\)=$s
for((s=0,i=1; i<=100; i++)); do((s+=i)); done
echo sum\(1..100\)=$s
for((s=0,i=1; i<=100; s+=i,i++))
do
  : # 空语句
done
# for((s=0,i=1; i<=100; s+=i,i++)); do : ; done
echo sum\(1..100\)=$s
```

（3）while 循环（C 语言型）举例 3

```
#!/bin/bash
## filename: while--guess_number.sh
# $RANDOM 是一个系统随机数的环境变量，模 100 运算用于生成 1~100 的随机整数
num=$（（RANDOM%100））
# 使用永真循环、条件退出（break）的方式接收用户的猜测并进行判断
while :
do
 read  -p  "Please guess my number [0-99]: "  answer
 if   [ $answer -lt $num ]
 then echo "The number you inputed is less then my NUMBER."
 elif [[ $answer -gt $num ]]
 then echo "The number you inputed is greater then my NUMBER."
 elif（（answer==num））
 then echo "Bingo! Congratulate: my NUMBER is $num."；break
 fi
done
while
```

（4）while 循环（C 语言型）举例 4

```
#!/bin/bash
## filename: while--read_file.sh
file=/etc/resolv.conf
while IFS= read -r line
do
  # echo line is stored in $line
  echo $line
done < "$file"
while IFS=: read -r user enpass uid gid desc home shell
do
```

```
  # only display if UID >= 500
  [ $uid -ge 500 ] && echo "User $user ( $uid ) assigned \"$home\" home
directory with $shell shell."
done < /etc/passwd
```

（5）使用 while 循环实现菜单举例 5

```
#!/bin/bash
## filename: what-lang-do-you-like_while.sh
while true
do
 echo "====== Scripting Language ======"
 echo "1 ) bash"
 echo "2 ) perl"
 echo "3 ) python"
 echo "4 ) ruby"
 echo "5 ) I do not know !( Quit )"
 read –p "What is your preferred scripting language? " lang
 case $lang in
  1 ) echo "You selected bash" ; ;
  2 ) echo "You selected perl" ; ;
  3 ) echo "You selected python"; ;
  4 ) echo "You selected ruby" ; ;
  5 ) exit
 esac
done
```

（6）until 循环（C 语言型）举例 6

```
#!/bin/bash
## filename: until-host_online_to_ssh.sh
read -p "Enter IP Address:" ipadd
echo $ipadd
until ping -c 1 $ipadd &> /dev/null
```

```
do
   sleep 60
done
ssh $ipadd
```

（7）while/until/for 循环（C 语言言型）举例 7

```
#!/bin/bash
## filename: while-until-for_sum.sh
# 使用当型循环求 sum（1..100）
((i=0,s=0)) # i=0；s=0
while((i<100)); do((i++,s+=i)); done
echo sum\(1..100\)=$s
# 使用直到型循环求 sum（1..100）
((i=0,s=0))
until((i==100)); do((i++,s+=i)); done
echo sum\(1..100\)=$s
# 使用 C 风格的 for 循环求 sum（1..100）
for((s=0,i=1; i<=100; s+=i,i++)); do :; done
echo sum\(1..100\)=$s
```

（8）select 循环（C 语言言型）举例 8

```
#! /bin/bash
## filename: what-lang-do-you-like_select.sh
clear
PS3="What is your preferred scripting language? "
select s in bash perl python ruby quit
do
 case $s in
  bash|perl|python|ruby)echo "You selected $s" ;;
  quit)exit ;;
    *)echo "You selected error , retry ..." ;;
 esac
```

```
done
```

（9）select 循环（C 语言型）举例 9

```
#!/bin/bash
## filename: what-os-do-you-like_select.sh
clear
PS3="What is your preferred OS? "
IFS='|'
os="Linux|Gnu Hurd|FreeBSD|Mac OS X"
select s in $os
do
 case $REPLY in
  1|2|3|4 ) echo "You selected $s" ;;
     * ) exit ;;
 esac
done
```

5.2.5 分支 / 循环嵌套

```
#!/bin/bash
echo "**********please input 5 number***********************"
echo "you must input one and press enter until input 5 number"
read x
max=$x
min=$x
avg=$x
i=1
while [ $i -lt "5" ]
do
   let "i+=1"
   read x
   if [ "$x" -gt "$max" ]
```

```
        then max=$x
    fi
    if [ "$x" -le "$min" ]
        then min=$x
    fi
    let "avg=$avg+$x"
done
avg=$（echo "scale=3；$avg/5"|bc -l）#scale 控制平均数的精度
echo "***********the result***************"
echo "max=$max "
echo "min=$min "
echo "avg=$avg"
```

复习思考题

1. 简述在 Shell 中可以使用哪几种方法提高工作效率。
2. Linux 系统下的隐含文件如何标识？如何显示？
3. Shell 变量有哪几种？如何定义和引用 Shell 变量？

第6章 进程管理

CHAPTER 6

知识目标

1. 了解内核组件，熟悉系统启动过程；

2. 了解进程的概念，熟悉进程管理命令、作业控制命令，理解计划和任务。

6.1 进程概述

Linux 系统的启动首先是由 BIOS（Basic Input/Output System）引导，BIOS 是指首次开机时由计算机上运行的软件代码，BIOS 检测所有的外围设备，将这些设备的信息提供给将来运行的操作系统使用。MBR（Master Boot Record）是一个 512 bytes 的硬盘首扇区，BIOS 读取引导介质上的 MBR 以寻找引导程序，找到之后执行。BIOS 引导加载 MBR 包含可执行的代码和错误信息文本、磁盘分区表，等等，加载到内存 RAM 后，引导 Linux 加载器（Boot loader），加载 Linux 内核，Linux 引导加载程序有 GRUB、LILO、Syslinux 等。GRUB 是一款与操作系统无关的启动加载器，提供了交互操作界面和命令行界面，支持文件系统的访问，GRUB 在启动过程中可读取 GRUB 的配置文件，支持多种内核的可执行文件格式，支持无盘系统，支持 MD5 口令保护。将用户选择的（或配置文件中默认的）内核加载到内存，并将控制权移交给此内核。默认配置文件为 /boot/grub/grub.conf。

GRUB 的主要功能是设备检测，即内核向 BIOS 查询所有的硬件信息，而后接管这些硬件设备，Linux 内核将驱动系统中的硬件设备。以只读方式挂装根文件系统，装载所需的内核模块（在启动内核中不存在的），载入初始化进程：init。

init 是唯一一个由系统内核直接运行的进程。除了 init 之外，每个进程都有父进程（PPID 标识）。进程类型有多种：交互进程是由一个 Shell 启动的进程。交互进程既可以在前台运行，也可以在后台运行；批处理进程是不与特定的终端相关联，提交到等待队列种顺序执行的进程；守护进程（Daemon）是在 Linux 启动时初始化，需要时运行于后台的进程。

6.1.1 进程的概念

进程是资源申请、调度和独立运行的单位，使用系统中的运行资源；进程与程序不同，程序不能申请系统资源，不能被系统调度，也不能作为独立运行的单位，不占用系统的运行资源。程序和进程无一一对应的关系。一方面一个程序可以由多个进程所共用，即一个程序在运行过程中可以产生多个进程；另一方面，一个进程在生命期内可以顺序地执行若干个程序。进程是一个动态实体。

进程是处理器通过操作系统调度的基本单位，每个进程的执行都独立于系统中的其他进程，进程之间可以通过称为进程间通信（IPC）的机制进行交互，当进程之间共享数据时，操作系统使用同步技术来保证共享的合法性。当多个用户同时在一个系统上工作时，Linux 要能够同时满足用户们的要求，而且还要使用户感觉不到系统在同时为多个用户服务，就好像每一个用户都单独拥有整个系统一样。每个用户均可同时运行多个程序。为了区分每一个运行的程序，Linux 给每个进程都做了标识，称为进程号（process ID），每个进程的进程号是唯一的。Linux 给每个进程都打上了运行者的标志，用户可以控制自己的进程：给自己的进程分配不同的优先级，也可以随时终止自己的进程，进程从执行它的用户处继承 UID、GID，从而决定对文件系统的存取和访问。所有的任务请求被排出一个队列，系统按顺序每次从这个队列中抽取一个任务来执行。系统启动后的第一个进程是 init，它的 PID 是 1。

6.1.2 进程与程序的区别

进程与程序是有区别的，进程不是程序，虽然它由程序产生。程序只是一个静态的指令集合，不占系统的运行资源；进程是一个随时都可能发生变化的、动态的、使用系统运行资源的程序。一个程序可以启动多个进程。进程和作业的概念也有区别。一个正在执行的进程称为一个作业，而且作业可以包含一个或多个进程，尤其是当使用了管道和重定向命令。作业控制指的是控制正在运行的进程的行为。比如，用户可以挂起一个进程，等一会儿再继续执行该进程。Shell 将记录所有启动的进程情况，在每个进程过程中，用户可以任意地挂起进程或重新启动进程。作业控制是许多 Shell 的一个特性，使用户能在多个独立作业间进行切换。每个进程都有自己的进程号，除了进程号，每个进程通常还具有优先级、私有内存地址、环境、系统资源、文件描述、安全保证。像人类一样，一个进程可以同时身为一个进程的子进程及另一个进程的父进程。

6.2 进程管理命令

Linux 系统上所有运行的东西都可以称之为一个进程。每个用户任务、每个系统管理守护进程，都可以称之为进程。Linux 用分时管理方法使所有的任务共同分享系统资源。

6.2.1 进程的查看

查看进程命令可以使用以下命令：

pstree –p

此命令可查看进程间的关系和进程号。

说明：命令后面可以加带以下常用参数。

–a 显示所有进程，但不包括不隶属于任何一个终端的进程；

–u 显示不属于任何一个终端的进程，诸如各类系统网络服务的后台程序；

–l 以长模式显示进程的信息；

-u 显示进程的拥有者信息。

在 ps 的参数中，是否加 - 号，表示不同的参数，除了 pstree 命令，我们可以使用 top 命令查看进程。

6.2.2 进程控制

当需要中断一个前台进程的时候，通常是使用 Ctrl+c 组合键；但是对于一个后台进程就不是一个组合键所能解决的了，这时就必须求助于 kill 命令。该命令可以终止后台进程。至于终止后台进程的原因很多，或许是该进程占用的 CPU 时间过多；或许是该进程已经挂死。总之这种情况是经常发生的。kill 可以通过向一个进程发送一个讯号来控制进程。这个讯号既可以是数字，也可以是名称。默认情况下，kill 向进程传送进程号 15，即 terminate，以通知进程结束。可以使用 kill -l 列出所有可以由 kill 传递的讯号。命令如下：

[root@stationxx root]# kill –l

可以用 9 来强制杀死进程，例如要结束一个 bash 进程时，使用命令：

kill 9 !

说明：! 表示强制执行。

除了进程号，我们还可以在 kill all 后添加一个关键字，可以用来杀死一批进程。例如：

[root@stationxx root]# killall httpd

上述命令行用于杀死所有 http 进程。

6.2.3 进程的优先级

Linux 系统用 nice 值来判断一个进程的优先级，修改进程运行的优先级，是通过增加或减少进程的 nice 值来实现的。nicez 值中负值（–n）表示高优先级，正值（n）表示低优先级。nice 值的范围在 –20~19 之间，数值越大表示优先级越低。系统默认的进程 nice 值为 0。使用 nice 指令可设定以一定的 nice 值来执行一个命令时，默认情况下 nice 值为 10。一般用户只能设定以一个正的 nice 值，即低优先级的方式来执行一个命令。只有 root 才可以指定以一个负的 nice 值，即高优先级的方式执行一个命令。我们通过 renice 可以更改一个运行进程的 nice 值，对于一般用户，只能提高 nice 值，降低优先级，只有 root 用户才能降低 nice 值，提升优先级。

nice 命令语法举例：

nice [increment] [command] [arguments]

nice 命令举例：

[root @localhost root] # vi newfile

[root @ localhost root] # ps -l -p 1280

说明：1280 为 vi 进程值。

F S UID PPID C PRI NI ADDR SZ WCAN TTY TIME

20 S 0 1280 0 75 20 fb117c18 400 f01af490 02 00:00:00

vi newfile

执行这个 vi 的 nice 值是 20（默认值）。

[root @ localhost root] # nice -17 vi newfile

可以按照上述命令方法修改 nice 的值。

nice 值小的进程优先级高，nice 值大的进程的优先级低，一个命令执行后，此指令将独占 Shell，并拒绝其他输入，我们称之为前台进程。反之，则称为后台进程。对每一个控制台，都允许多个后台进程。对前台，或后台进程的控制与调度，被称为任务控制。进程这一概念是对系统而言，对每一个控制台，称为 job。与进程有进程号一样，使用 kill、renice 等指令操作进程时，使用进程号；使用 fg、bg 指令操作 job 时使用工作号。

6.3 计划与任务

Linux 系统支持一些能够自动执行任务的服务，我们称其为计划任务。使用 at 命令，指定一个时间执行一个任务，使用 atq 命令查询当前的等待任务，at 命令用于指定一个时间执行一个任务。例如：

[user01 @localhost user01]$ at now + 2 minutes

默认情况下，任何用户都可以使用 at 服务。

6.3.1 计划与任务命令

（1）cron 命令

crond 是一个常驻内存程序。在开机激活 crond 时，它会自动去检查 /var/spool/cron 目录下面的内容，看看是否有任何 cron 文件，每一个 user 都可以去设定自己所要排定执行的工作。在此目录下，每一个 user 会有一个属于其 uid 名称的 cron 文件，crond 会自动将这些 user 的 cron 文件加载至内存中，并定期去执行每个 user 的 cron 文件，也就是说用户不需要登录就可以执行计划任务。

另外，crond 也会去读取 /etc/crontab 的内容。首先 cron 命令会搜索 /var/spool/cron 目录，寻找以 /etc/passwd 文件中的用户名命名的 crontab 文件，被找到的这种文件将载入内存。cron 启动以后，将首先检查是否有用户设置了 crontab 文件，如果没有就转入“休眠”状态，释放系统资源。因此该后台进程占用资源极少，它每分钟“醒”过来一次，查看当前是否有需要运行的命令。/var/spool/cron 下的 cron 和 /etc/crontab 下的 cron 是不同的，/var/spool/cron 下的 cron 是用户级的，而 /etc/crontab 下的是系统级的定制个人计划任务。

（2）crontab 命令

此命令用于建立、删除或者列出用于驱动 cron 后台进程的表格。用户把需要执行的命令序列放到 crontab 文件中以获得执行。每个用户都可以有自己的 crontab 文件。在 /var/spool/cron 下的 crontab 文件，不可以直接创建或者直接修改，crontab 文件是通过 crontab 命令得到的。现在假设有个用户名为 user01，需要创建自己的一个 crontab 文件。使用的命令如下：

```
[user01 @localhost user01]$ crontab –e  user01
```

（3）piple 管道命令

管道命令用来实现计划和任务，中间用“|”连接，多个管道命令的组合，可以实现多种工具的功能，形式为：命令 1 | 命令 2 | 命令 3 |……，例如：

```
ls -C | tr 'a-z' 'A-Z' | wc
```

管道线中的每一条命令都作为一个单独的进程运行，每一条命令的输出作为下一条命令的输入。由于管道线中的命令总是从左到右顺序执行的，因此管道线是单向的。以下是管道命令应用举例：

```
$ ls -lR /etc | less
$ tail +15 myfile | head -3
$ man bash | col -b > bash.txt
```

6.3.2 Linux 的系统日志

为了保证 Linux 系统正常运行、解决遇到的各种各样的系统问题，需要读取日志文件。用户登入系统的行为都会记录到系统的日志之中，系统日志的书写由 sysklogd 这个 RPM 包完成后台进程。主要书写包括以下这些日志：syslogd，负责服务相关日志；klogd，负责核心相关日志。大部分的 Linux 系统中都要使用 syslog 工具，系统日志可以接受远端写入，能使系统根据不同的日志输入项采取不同的活动。syslog 工具由一个守护程序组成，能接受访问系统的日志信息并且根据 /etc/syslog.conf 配置文件中的指令处理这些信息。默认情况下，系统日志每周轮换一次，放置一个月后被清扫，例如：

```
[root @stationxx root]# cat /etc/logrotate.conf
```

表示查看上述 etc 目录下 logrotate.conf 日志文件。

6.3.3 统计磁盘占用情况

系统管理员可以查看 CPU 的性能，查看磁盘占用情况等，举例如下。统计当前目录下磁盘占用最多的 10 个一级子目录命令的例子：

```
$ du . --max-depth=1 | sort -rn | head -11
```

说明：以降序方式显示使用磁盘空间最多的普通用户的前十名。例如：

```
$ du * -cks | sort -rn | head -11
```

说明：以排序方式查看当前目录（不包含子目录）的磁盘占据情况。例如：

```
$ du -S | sort -rn | head -11
```

说明：统计进程，按内存使用从大到小排列输出进程。例如：

```
# ps -e -o "%C : %p : %z : %a"|sort -k5 -nr
```

说明：按 CPU 使用从大到小排列输出进程。

复习思考题

1. 内核的功能？内核的主要组件？
2. 什么是内核模块？如何动态装载 / 卸载内核模块？
3. 简述 Linux 系统的启动过程。
4. 什么是 GRUB？其功能如何？GRUB 有哪几种操作界面？
5. 登录 Shell 和非登录 Shell 的启动过程？
6. 什么是管道？

第 7 章

系统网络服务器配置

CHAPTER 7

知识目标

1．学会配置 IP 地址、子网掩码、默认网关；

2．掌握 Linux 系统的网络配置、掌握 TCP/IP 的配置方法、熟悉网络的检测命令；

3．掌握网络基本服务在 Linux 系统中的实现方法；

4．掌握服务器配置的基本操作方法。

7.1 网络配置（网卡）

Linux 系统支持众多类型的网络接口，每一个网络接口设备在 Linux 系统的内核中都有相应的设备名称，每一种网络接口设备（网络适配器）都需要相应的设备驱动程序，网络接口设备的驱动程序被编译在系统内核中，或者被编译为系统内核模块以便让系统内核进行调用。

一台计算机要连网，需要配置网络接口信息，包括 IP 地址、子网掩码、默认网关、DNS（域名服务器）地址，等等。TCP/IP 网络的信息，分别存储在不同的配置文件中，/etc/sysconfig/network、/etc/hosts.conf、/etc/hosts 、/etc/modules.conf，等等。其中，/etc/modules.conf 文件定义了各种需要在启动时加载的模块的参数信息。在使用 Linux 系统做网关的情况下，Linux 系统服务器至少需要配置两块网卡。通常 Linux 系统内核不会自动检测多个网卡。没有将网卡的驱动编译到内核而是作为模块动态载入的系统，需要在“modules.conf”文件中进行相应的配置。通过 ifconfig 命令可以查看当前网络设备的 IP。

例如：

[root @stationxx root]# ifconfig eth0

当输入上述命令，并按下回车，显示如下：

eth0:1 Link encap:Ethernet HWaddr 00:E0:4C:E3:21:F4

inet addr:192.168.0.254 Bcast:192.168.0.255 Mask:255.255.255.0

UP BROADCAST RUNNING MULTICAST MTU:1500 Metric:1

RX packets:49299 errors:0 dropped:0 overruns:0 frame:0

TX packets:3710 errors:0 dropped:0 overruns:0 carrier:0

collisions:101 txqueuelen:100

RX bytes:4051762（3.8 Mb）TX bytes:394174（384.9 Kb）

说明：

1）eth0 是指第一块网卡，HWaddr 00:E0:4C:E3:21:F4 是以太网第一块网卡的物理地址。

2）addr:192.168.0.254，Bcast:192.168.0.255，Mask:255.255.255.0，分别表示网卡的 IP 地址、广播地址和子网掩码。

3）RX 和 TX, 分别表示接收和发送的数据包数。

可以通过 cat 命令查看第一块网卡配置文件 ifcfg–eth0：

[root @stationxx root]# cat /etc/sysconfig/network-scripts/ifcfg-eth0

7.2 为网卡绑定 IP 地址

首先使用下述命令，查看网卡配置情况：

[root @stationxx root]# cat /etc/sysconfig/network-scripts/ifcfg-eth0:1

当输入上述命令，并按下回车，显示如下：

DEVICE=eth0:1

ONBOOT=yes

BOOTPROTO=static

IPADDR=192.168.0.245

NETMASK=255.255.255.0

GATEWAY=192.168.0.254

通过 ifconfig 命令对网卡、子网掩码、默认网关配置如下：

ifconfig eth0 10.0.0.10 Mask 255.255.255.0 Broadcast 10.0.0.255

ifconfig eth0 192.168.0.10

ifconfig eth0:0 192.168.1.10

如果选择的方式是 static（静态）或 none，则还可以配置：IP 地址（IPADDR）、子网掩码（NETMASK）、网关（GATEWAY）、广播地址（BROADCAST），等等。

7.3 指定主机名

【例 7-1】将本地主机名改成 server.example.com。

[root @ server root]# hostname server1.example.com

说明：在 /etc/sysconfig/network 中的改动在系统重新启动后生效。

[root @ server root]# cat /etc/sysconfig/network

说明：按照下述给定参数配置 network 文件内容。

NETWORKING=yes

HOSTNAME= server.example.com

GATEWAY=192.168.0.151

配置好上述文件后，可以通过 cat 命令查看 network 配置文件。例如：

[root @ server root]# cat /etc/sysconfig/network

7.4 DNS 客户端配置

Linux 几乎支持 Internet 所有的网络服务。WWW 服务：Apache、Ngnix、Lighttpd；Email 服务：Qmail、Sendmail、Exim，Dovecot IMAP、Cyrus IMAP、Courier IMAP；FTP 服务：Vsftpd、pure-ftpd、Proftpd、Wu-ftpd；文件共享服

务：Samba、NFS；DNS 服务：BIND；目录服务：OpenLDAP；数据库服务：PostgreSQL、MySQL、Oracle；远程登录与管理：OpenSSH、VNC。可以通过 hosts 文件查看各种服务。例如：

```
[root @localhost root]# cat /etc/hosts
```

显示信息如下：

```
127.0.0.1          localhost.localdomain localhost
192.168.0.152      localhost.example.com   localhost
```

通过 cat 查看命令，查看文件：

```
[root @localhost root]# cat /etc/resolv.conf
search example.com
nameserver 192.168.0.254
```

7.4.1 DNS 域名服务

DNS（Domain Name Server）是一种新的主机名和 IP 地址的转换机制，它使用一种分层的分布式数据库来处理 Internet 上的成千上万个主机和 IP 地址的转换。DNS（Domain Name Service，域名系统）是一个分布式数据库系统，其作用是将域名解析成 IP 地址。域名系统允许用户使用友好的名字而不是难以记忆的数字——IP 地址来访问 Internet 上的主机，DNS 是基于客户 / 服务器模型设计的。域名空间，标识一组主机并提供它们的有关信息的树结构的详细说明；域名服务器 ，保持和维护域名空间中数据的程序。Stub 解析器，解析器是简单的程序或子程序库，它从服务器中提取信息以响应对域名空间中主机的查询，用于 DNS 客户。为了便于根据实际情况来分散域名管理工作的负荷，将 DNS 域名空间划分为区域来进行管理。区域是 DNS 服务器的管辖范围，是由单个域或由具有上下隶属关系的紧密相邻的多个子域组成的一个管理单位。DNS 服务器便是以区域为单位来管理域名空间的，而不是以域为单位。一台 DNS 服务器可以管理一个或多个区域，而一个区域也可以由多台 DNS 服务器来管理。DNS 允许 DNS 域名空间分成几个区域（Zone），它存储着有关一个或多个 DNS 域的名称信息。在 DNS 服务器中必须先建立区域，再在区域中建立子域，以及在区域或子域中添加主机等各种记录。当子网需要连接 Internet 并且需要由自己管理这个域时，就需要进行域名注册。

7.4.2 DNS 查询模式

DNS 查询模式分为递归查询和迭代查询。

（1）递归查询

当收到 DNS 工作站的查询请求后，本地 DNS 服务器只会向 DNS 工作站返回两种信息：一是在该 DNS 服务器上查到的结果，二是查询失败。当本地名字服务器中找不到名字时，该 DNS 服务器绝对不会主动地告诉 DNS 工作站另外的 DNS 服务器的地址，而是由域名服务器系统自行完成名字和 IP 地址转换，即利用服务器上的软件来请求下一个服务器。如果其他名字服务器解析该查询失败，就告知客户查询失败。

（2）迭代查询

当收到 DNS 工作站的查询请求后，如果在 DNS 服务器中没有查到所需数据，该 DNS 服务器便会告诉 DNS 工作站另外一台 DNS 服务器的 IP 地址，然后，再由 DNS 工作站自行向此 DNS 服务器查询，依次类推直到查到所需数据为止。如果到最后一台 DNS 服务器都没有查到所需数据，则通知 DNS 工作站查询失败。

7.5 网关配置

网关的配置是在 /etc/sysconfig/network 文件中定义全局默认网关。

```
GATEWAY=xx.xx.xx.xx
```

也可以在 /etc/sysconfig/network-scripts/ 下的 ifcfg 文件中定义某个网络设备的默认网关，全局网关自动覆盖 ifcfg 文件中的设定。

```
GATEWAY=192.168.0.254
```

7.6 路由配置

测试网络连通性及本地系统与远端系统之间的响应延迟采用 ping 命令。例如：

```
[root @localhost root]$ping server.example.com
```

默认情况下会一直 ping 下去，直到 CTRL+C 结束，可以使用 ICMP 回响包来测试网络的连通性，或者通过 traceroute 命令显示本地系统通向远端系统的路由路径，显示每一个跳的延迟时间。例如：

[root @localhost root]$traceroute server.example.com

（1）查看路由表信息

traceroute 命令用于查看路由，也可以通过 route 命令查看网络路由信息，例如：

route

查看的路由表信息显示如下：

```
Kernel IP routing table
Destination  Gateway     Genmask       Flags Metric Ref Use Iface
192.168.0.0  *           255.255.255.0  U    0      0   0 eth0
192.168.1.0  *           255.255.255.0  U    0      0   0 eth1
192.19.12    192.168.1.1 255.255.255.0  U    0      0   0 eth1
default      localhost   0.0.0.0        UG   0      0   0 eth0
```

（2）添加到主机的路由

例如：

route add -host 192.168.1.2 dev eth0:0

route add -host 10.20.30.148 gw 10.20.30.40

（3）添加到网络的路由

route add -net 10.20.30.40 netmask 255.255.255.248 eth0

route add -net 10.20.30.48 netmask 255.255.255.248 gw 10.20.30.41

route add -net 192.168.1.0/24 eth1

（4）添加默认网关路由

route add default gw 192.168.1.1

（5）删除到主机的路由

route del -host 192.168.1.2 dev eth0:0

route del -host 10.20.30.148 gw 10.20.30.40

（6）删除到网络的路由

route del -net 10.20.30.40 netmask 255.255.255.248 eth0

route del -net 10.20.30.48 netmask 255.255.255.248 gw 10.20.30.41

route del -net 192.168.1.0/24 eth1

（7）删除默认网关路由

route del default gw 192.168.1.1

7.7　系统配置文件

配置网络参数文件有很多，可以通过 vi 命令打开进行配置。

（1）永久性配置网络参数文件

/etc/sysconfig 路径目录下的 network 文件：

/etc/sysconfig/network

是系统网络配置文件，包含了主机最基本的网络信息。

（2）系统启动文件

/etc/sysconfig/network–scripts/ 路径下的 ifcfg–ethX 文件：

/etc/sysconfig/network-scripts/ifcfg-ethX

是以太网接口配置文件 ,X 的取值为 0、1、2、3…，分别代表第一块、第二块、第三块…网卡。例如：eth0, 表示第一块网卡。

/etc/sysconfig/network-scripts/route-ethX

上述命令表示：以太网接口的静态路由配置文件。

/etc/hosts　文件主要用于完成主机名映射为 IP 地址的静态解析功能。

/etc/resolv.conf 文件用于配置域名服务的客户端的配置文件，用于指定域名服务器的位置。

/etc/host.conf 用于配置域名服务客户端的控制文件，网络设备的配置被保存在文本文件中。

【例 7–2】使用 /etc/sysconfig/network–scripts/ifcfg–ethX 命令，进行网络接口静态配置

```
# vi /etc/sysconfig/network-scripts/ifcfg-eth0
Type=Ethernet
DEVICE=eth0
HWADDR=00:02:8A:A6:30:45
BOOTPROTO=static
```

ONBOOT=yes

IPADDR=192.168.0.123

NETMASK=255.255.255.0

BROADCAST=192.168.0.255

GATEWAY=192.168.0.1

（3）系统网络配置文件

/etc/sysconfig/network

上述命令主要用于永久性配置主机名和默认网关等。例如：

vi /etc/sysconfig/network

（4）配置远程域名解析器

设置 Linux 的 DNS 客户，可以编辑 /etc/resolv.conf 文件。例如：

vi /etc/resolv.conf

nameserver 192.168.1.102

nameverver 202.204.192.53

域名解析的优先顺序由配置文件 /etc/host.conf 决定，首先查找 /etc/hosts 文件进行域名解析，然后使用 /etc/resolv.conf 文件中指定的域名服务器进行域名解析，可以通过查看 host.conf 配置文件（# vi /etc/host.conf）。

网络测试命令除了 ifconfig 检测网络接口配置、route 检测路由配置等外，还有 netstat 查看网络状态、traceroute 检测到目的主机所经过的路由器，还包括显示本机网络流量的状态等统计信息命令。

7.8 文件传输协议

文件传输协议（File Transfer Protocol，FTP）定义了一个在远程计算机系统和本地计算机系统之间传输文件的一个标准。利用传输控制协议 TCP 在不同的主机之间提供可靠的数据传输。一般形式的 FTP，首先会建立控制频道，默认值是 port 21，也就是跟 port 21 建立联机，下达指令。而后，由 FTP server 端建立数据传输频道，默认值为 20，也就是跟 port 20 建立联机，并透过 port 20 作数据的传输。默认的用户控制文件是 /etc/vsftpd.ftpusers，所有用户名出现在此文件中的用户就不可以通过 FTP 登录到系统，ftp 命令如下：

[root @localhost root]$ ftp [<hostname or IPAddress>]

NFS（Network File System）网络文件系统采用客户 / 服务器工作模式。NFS 是分布式计算系统的一个组成部分，可实现在异种网络上共享和装配远程文件系统。NFS 提供了一种在类 Unix 系统上共享文件的方法，NFS 还可以结合远程网络启动实现。NFS 协议本身并没有网络传输功能，而是基于远程过程调用协议实现的 RPC（Remote Procedure Call）提供了一个面向过程的远程服务的接口。RPC 可以通过网络从远程主机程序上请求服务，而不需要了解底层网络技术的协议。NFS 的不同功能由不同的守护进程提供，NFS 的每个功能就会由 RPC 固定或随机分配的端口进行监听。

7.9 DHCP 动态地址解析协议

DHCP（Dynamic Host Configuration Protocol）动态主机配置协议是 TCP/IP 协议簇中的一种，DHCP 协议主要是用来自动为局域网中的客户机器分配 TCP/IP 信息的网络协议，并完成每台客户机的 TCP/IP 协议配置。TCP/IP 信息包括 IP 地址、子网掩码、网关以及 DNS 服务器等。DHCP 的前身是 BOOTP（引导协议），DHCP 可以说是 BOOTP 的增强版本。

配置文件如下：

/etc/dhcpd.conf

启动 DHCP 命令如下：

```
# chkconfig dhcpd on
# service dhcpd start|restart
```

复习思考题

1. 如何使用命令配置以太网接口？
2. 简述路由类型。
3. 简述 Linux RHEL TCP/IP 配置文件族。
4. 简述 Linux 系统下常用的网络服务和网络客户端。
5. 简述 DHCP 的工作过程。

第 8 章 LAMP 环境配置

CHAPTER 8

知识目标

学会搭建一个 LAMP（Linux+Apache+Mysql+PHP）。

基于 LAMP 技术开发的网站，通常使用的是免费、开源软件，来搭建 LAMP 开发环境。首先，LAMP 环境需要下载相关的软件包，软件包有二进制 RPM 软件包和源代码包，要按照 Apache、MySQL、PHP 的顺序编译安装，有二进制 RPM 软件包可以安装。源代码包要先下载安装 LAMP 环境所需要的编译工具——gcc 、gcc –c++、make，确保这三个工具已经安装。在编译安装之前需要安装一些库文件（libxml、libmcrypt、libpng、httpd、mySQL、ncurses、Zlib、PHP、PHPAdmin）支持例如图片格式的软件包。大多数 linux 操作系统都默认安装了 make 编译工具，可以通过下述命令查看是否安装 make 编译工具。

#rpm –q make

并通过下述命令指定安装信息：

./configure –prefix=/usr/local/libxml2

用 –prefix 指定安装目录，用 rpm – q gcc 命令查看编译器是否安装。安装 GCC 有两种方法：yum 安装和 rpm 安装。yum 安装能够解决依赖关系，会在互联网上自动找 yum 源；rpm 安装首先创建挂载点，创建挂载点命令如下：

mkdir /mnt/cdrom

然后通过下述命令：

mount /dev/cdrom /mnt/cdrom

指定光盘挂载，确定是否有需要安装的软件，使用下述命令：

rpm – i /mnt/cdrom/gcc

安装 gcc。

典型的 LAMP 开发环境安装配置组合有：

1）操作系统 Redhat Enterprise AS 4；

2）httpd2.0.4；

3）mysql4.1；

4）libxml2.6.16；

5）zlib1.2.1.2；

6）gd2.0.28；

7）libpng1.2.7。

其中，mysql 可以独立安装。

下载 mysql,apache,php 等安装软件，可以到以下网址下载相应软件：

http://www.apache.org/、http://www.php.net/ 、http://www.mysql.com/。

环境搭建与各个软件的版本有关，不同的版本组合会造成安装的不兼容，以下面各个软件版本为例，介绍搭建过程。

1）Linux: Red Hat Linux 9.0；

2）Apache: httpd–2.0.53.tar.gz；

3）Mysql: mysql–standard–4.1.10–pc–linux–gnu–i686.tar.gz；

4）PHP: php–4.3.10.tar.bz2.

首先检查操作系统是否已经安装了 Apache、Mysql、PHP，如果已经安装，应将其删除。以检查是否安装 Mysql 为例，使用下述命令：

#rpm –qa |grep –i mysql

如果有显示任何软件包，则使用 #rpm –e 软件包名称 ––nodeps 删除，

也可以用下面的方法将已经安装的 Mysql 删除。

【例 8–1】删除已安装的软件

#for i in `rpm –qa|grep –i mysql`

```
>do rpm –e $i –nodeps
>done
```

检查完之后我们开始安装 Apache、Mysql 和 PHP。

（1）安装 Apache 服务器

将 Apache2 解压缩到 /usr/local 目录下，使用如下命令：

【例 8–2】安装 apache 软件

```
#tar -zxvf httpd-2.0.53.tar.gz  -C /usr/local
#./configure --enable-so
```

说明：

--enable-so 选项：让 Apache 可以支持 DSO 模式，注意，是 Apache2.0 的语法。如果 Apache 是旧版本，例如 1.3 版本，应改为 --enable-module=so。

--enable-mods-shared=most 选项：告诉编译器将所有标准模块都编译为 DSO 模块。若使用的是 Apache1.3, 改为 --enable-shared=max 就可以。

--enable-rewrite 选项：支持地址重写功能，若使用的是 1.3 版本，应将其改为 --enable-module=rewrite。

接着输入以下两行命令，并按下回车。

```
#make
#make install
```

（2）安装 PHP

网上下载 PHP 软件包，使用 tar 命令解压缩。

【例 8–3】安装 PHP 软件

```
#tar -zxvf php-4.3.10.tar.bz2
```

说明：进入 PHP 解压缩的目录。

```
#cd ../php-4.3.10
#./configure --with-apxs2=/usr/local/apache/bin/apxs --with-mysql
```

说明：用 make、make install 命令安装软件。

```
#make
#make install
```

说明：--with-apxs2=/usr/local/apache/bin/apxs 是加入 apache 中为 DSO 模块的位置，其后可以附带参数 --disable-debug 等。

./configure --with-apxs2=/usr/local/apache/bin/apxs --disable-debug

说明：

1）--disable-debug 是关闭 PHP 内部调试；

2）--enable-safe-mode \ # 打开 PHP 的安全模式；

3）--with-xml \ # 支持 xml；

4）--with-mysql \ # 支持 mysql；

5）--with-zlib \ # 支持 zlib；

6）--with-jpeg \ # 支持 jpeg。

配置相应的参数，为 Apahce 添加 PHP 支持，保存退出，使用下述命令启动 Apahce 服务。

#/usr/local/apache2/bin/apachectl start // 启动 Apahce 服务

如果系统默认打开的 IP 地址和端口号没有指定，使用以下修改方法：

#cd /usr/local/apache2/conf

#vi http.conf

/ServerName

找到 ServerName www.example.com:80，将其改为 ServerName 127.0.0.1:80，修改完后保存退出 wq，重新启动 Apahce 服务。

打开浏览器，输入 http:// 服务器地址，测试 Apahce 是否配置成功，在 /usr/local/apahce2/htdocs 文件夹配置静态网页，Apache 配置成功则可以显示静态网页。以下命令是通过编写一个简单的 PHP 网页来测试 PHP 是否配置成功。

#cd /usr/local/apache2/htdocs

进入 /usr/local/apache2/htdocs 文件夹下，使用下述命令编写 PHP 动态网页。

#vi test.php

建立 test.php，使用下述命令重启 Apache 服务器，就可以看见 PHP 测试页。#/usr/local/apache2/bin/apachectl restart

然后打开浏览器，在地址栏里输入 http://127.0.0.1:80/test.php。

（3）安装 Mysql

解压缩 Mysql 数据包。

【例 8–4】安装 Mysql 软件

#tar -zxvf mysql-standard-4.1.10-pc-linux-gnu-i686.tar.gz

说明：使用 cd 命令进入 Mysql 解压缩目录。

#cd mysql-standard-4.1.10-pc-linux-gnu-i686

#cd /usr/local

说明：进入 /usr/local 文件夹。

#cd /usr/local/mysql

说明：进入 /usr/local/mysql 文件夹。

#scripts/mysql_install_db --user=mysql

说明：初始化 Mysql 数据库。

说明：

1）scripts：目录名称；

2）--user=mysql:mysql 用户对 mysql 数据库进行初始化 。

（4）安装 phpMyAdmin

以 phpMyAdmin–2.6.0.tar.gz 安装包为例，下载、压缩软件安装包。

【例 8–5】安装 phpMyAdmin 软件

tar zxf phpMyAdmin-2.6.0.tar.gz

mv phpMyAdmin-2.6.0 /usr/local/apache/htdocs/

vi config.inc.php 修改这个文件

具体实现步骤同上。

复习思考题

如何搭建和使用 LAMP 开发环境？

第 9 章 Linux 系统下程序开发

CHAPTER 9

知识目标

1. 掌握 Linux 系统下 C 编译器安装、编译与调试；
2. 掌握 C 编译、调试器的安装及 C 语言编程。

Linux 系统下的 C 语言程序开发，对石油勘探技术中大数据文件的读写、处理具有十分重要的意义，下面介绍有关 Linux 系统下的 C 语言开发环境配置、程序设计。

9.1 GCC 编译器安装前的准备

GNU Compiler Collection（GCC）是世界上最重要的开放源代码软件，事实上许多其他开放的源代码软件都基于 GCC，例如 Perl 和 Python 是用 C 语言写出，然后用 GCC 编译器编译的。

Linux 操作系统中包含用于 C 语言应用程序开发的工具，在 Linux 操作系统下编译和调试 C 源程序的两大工具是 GCC 编译器、GDB 调试器。

```
$ rpm -qa | grep gcc
```

通过上述命令，我们能够检查系统是否安装了 C 编译器以及安装 C 编译器的版本，也可进入\usr\bin目录查看GCC编译器是否安装（如图9-1所示）。

```
[root@localhost root]# rpm -qa| grep gcc
compat-gcc-c++-7.3-2.96.118
libgcc-3.2.2-5
compat-gcc-7.3-2.96.118
[root@localhost root]# echo $PATH
/usr/local/sbin:/usr/local/bin:/sbin:/bin:/usr/sbin:/usr/l
t/bin
[root@localhost root]# cd /usr/bin
[root@localhost bin]# ls gcc*
```

图9-1 检查C编译器是否安装及版本

可以直接在网上下载安装GCC编译器、GDB调试器，也可以先下载prozilla——一个包括text模式及图形模式的下载工具，然后再下载安装GCC编译器环境。下面以prozilla为例，介绍源代码安装包的下载安装过程。

9.2 Linux系统下C编译器安装

下载prozilla程序的源代码安装包文件（多线程下载软件，支持断点续传）。

（1）解压缩已下载的源代码软件包文件

$ tar jxf prozilla-2.0.4.tar.bz2

释放已下载的源代码软件包文件到当前目录。解压后的文件名：prozilla–2.0.4，扩展：tar的xzvf参数用于释放tar.gz格式的压缩包。

（2）进入源代码目录

$ cd prozilla–2.0.4 进入目录。

$ pwd 显示当前目录路径如下：

/home/teacher/download/prozilla-2.0.4

（3）编译软件安装的路径

$ ./configure --prefix=/home/teacher/proz

（4）程序编译

使用make命令进行程序的二进制编译。

$ make

（5）程序安装

$ make install

说明：上述命令将已编译完成的应用程序安装到目标目录。

9.3 GCC 编译

用 GCC 编译程序，是指用编辑软件编好一个 C 语言源程序后，要经过以下几个步骤：输入程序、进行编译、连接、运行程序等（如图 9–2 所示），其中，实线表示操作流程，虚线表示文件的输入输出。例如编辑一个 C 源程序 file1. c，经过编译得到目标文件 file1. o，目标文件与系统提供的库函数等连接，得到可执行的文件 file1. out，然后运行 file1. out 文件即可。

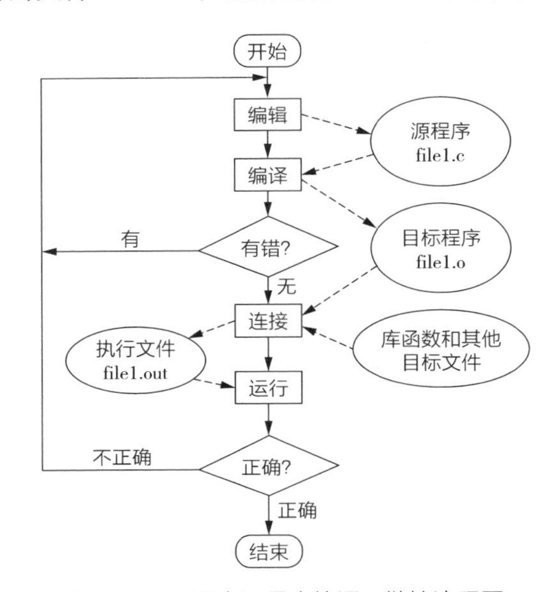

图 9–2　C 语言源程序编译、链接流程图

在 Linux 操作系统下，编写 C 语言程序时，需要注意几个问题：

1）和其他操作系统下编写 C 语言程序的基本步骤是一样的，即编辑、编译、调试、运行，且调试方法是一样的，如都可以设置断点、单步执行等来调试程序；

2）在 Windows 或 DOS 操作系统下是使用 Tubro C，Visual C，Visual C ++，

这些软件是集编辑、编译、调试、运行于一体的编程环境，而在 Linux 或 Unix 操作系统下就需要像记 DOS 命令一样，记住各种命令的参数和选项及使用方法；

3）在不同的操作系统下，C 语言的源程序的扩展名都是 . c，但是，目标文件和执行文件的扩展名就不同了，如 Windows 和 DOS 等系统下目标文件是 . obj，执行文件是 . exe，而 Linux 和 Unix 等系统下目标文件则为 .o, 执行文件是 . out，这点要注意，否则系统会找不到相应的文件而出错。

执行 GCC 编译器的命令的基本用法如下：

GCC[选项] [文件名]

GCC 编译程序不带任何选项时，将会自动建立一个名为 a. out 的可执行文件，例如下面的命令将在当前目录下产生一个名为 a. out 的文件：如果不想用系统定的文件名 a. out，也可以在编译时自己指定一个可执行的文件名，来代替系统自动产生的 a. out 文件。

例如：将一个名为 file1. c 的 C 程序编译为名叫 file1. out 的可执行文件，可输入下面的命令。

GCC - O file1. Out file1. c

说明：使用 – O 选项时，其后面必须跟一个文件名，图 9–3 是使用 vi 建立的 filel. c 文件。

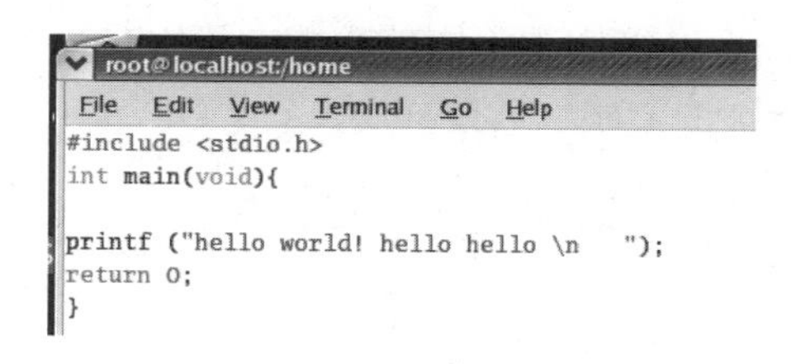

图 9–3　C 语言源程序 file1. c

执行的时候，在命令状态下，输入 ./ file1. Out 执行文件。

以下是基本 GCC 常用选项功能说明：

– C 编译时跳过汇编和连接，缺省扩展名是 . o；

– S 产生了汇编语言文件后停止编译，缺省扩展名是 . s；

– E 仅对输入文件进行预处理，被送到标准输出，不是储存在文件里；

– O 对源代码进行基本优化，使程序执行得更快，是优化选项；

－O 2 产生尽可能小和尽可能快的代码，比－O 慢，是优化选项；

－G 产生调试信息，是调试和剖析选项；

－P 建立剖析信息，是调试和剖析选项；

－PG 在程序里加入额外的代码，产生剖析信息，以显示程序的耗时情况，以在命令行上键入 man gcc 查阅它们的使用方法。

另外，有的 GCC 选项包括一个以上的字符，所以，要为每个选项指定各自的连字符－，不能在一个连字符后跟几个选项。例如，－p－g 和－pg 的选项执行结果是不一样的，前者是建立剖析信息并且把调试信息加入到可执行的文件里，后者只建立剖析信息。

9.4 GDB 调试

Linux 操作系统包含了一个名为 GDB 的调试器，它是一个用来调试 C 语言程序工具，通常情况下安装 Linux 操作系统会自带 GCC 编译器，但是不自带 GDB 调试器，需要用户再另外安装 GDB。在安装 GDB 之前，需要事先安装一些 G 依赖的其他安装包，例如 ncurses-5.3.tar.gz 等。GDB 所提供的主要功能有：能监视程序中变量的值；能设置断点以使程序在指定的代码行上停止执行；能一行行地执行程序。

GDB 支持很多命令，能实现不同的功能。可以在命令行上键入 GDB－H 得到一个有关这些选项的说明的简单列表。

以下是基本 GDB 命令表命令选项功能说明：

file 装入想要调试的可执行文件；

kill 终止正在调试的程序；

list 列出产生执行文件的源代码的一部分；

next 执行一行源代码，但不进入函数内部；

step 执行一行源代码，而且进入函数内部；

run 执行当前被调试的程序；

guit 退出 GDB；

watch 监视一个变量的值而不管它何时被改变；

break 设置断点，使程序执行到这里时被挂起；

make 不退出 GDB 就可以重新产生可执行文件；

Shell 不离开 GDB 就可以执行外部命令。

被调试的程序（源文件名：yhsj. c）是 GDB 的典型应用。被调试的程序执行时会在屏幕上显示一个杨辉三角形。

【例 9-1】显示一个杨辉三角形

```
#define N ll
main( )
{ int i, j, a[N] [N];
 for( i = l; i <N; i + + )
 {a[i] [i] = 1;
  a[i] [1] = 1; }
  for( i = 3; i <N; i + + )
  for( j = 2; j < = i - 1; j + + )
  a[i][j] = a[i – 1] [j – 1]+ a[i – 1] [j];
  for( i = 1; i <N; i + + )
    { for( j = 1; j < = i; j + + )
      printf ( %5d , a[i] [j] );
      printf ( \n ); }
    printf ( \n );
}
```

使用 GCC 命令编译上述程序。

```
gcc - o yhsj. out yhsj. c
```

如果源程序正确，则执行 yhsj. out 文件。如果出现错误，此时可以用 GDB 来调试程序，先键入 gdb yhsj 命令将源程序载入到内存中。如果在输入命令时忘了把要调试的程序作为参数传给 GDB，可以在 GDB 提示符下用 fiie yhsj 命令来载入源程序。用 GDB 的 RUN 命令来运行 yhsj，即在 GDB 提示符下键入：run 命令，输出的结果和执行 yhsj. out 文件的结果一样。

如果所编写的程序有错误，可以在某语句后设一个断点，来查找错误所在的地方，即在 GDB 提示符下键入：break XX（XX 为行号），GDB 将显示一些信息，接着在 GDB 提示符下键入：run 命令，将在所设的断点处，暂停程序的运行，查看中间结果是否正确。

可以通过设置一个观察变量值的观察点来查找错误，即在 GDB 提示符下键入：watch XX（XX 为行号）；还可以用 NEXT 命令来一步步执行程序，在 GDB 提示符下键入：next。可以利用 GDB 的基本命令来找出问题出处，即根据每条命令执行后屏幕上的提示信息来修改错误，再执行 RUN 命令，直到产生正确的结果为止。

9.5 Linux 系统中应用软件的安装包管理

Linux 操作系统真正执行的是二进制文件（二进制程序），对于已经编译的可执行文件，解压缩后可以直接运行，对于未编译的开放的源代码机器并不能识别运行，需要经过编译器编译变成二进制程序，制作成安装包。Linux 系统中应用软件的安装包有：Tarball 包、RPM 包等多种打包格式。通常安装包内都是未编译的源程序，解压缩后需要编译工具将其编译成可执行程序。例如我们先将 GDB 调试安装包 gdb–5.3.tar.gz 下载到安装目录，使用

tar –zxvf gdb-5.3.tar.gz

解压缩调试软件，进入生成目录，依照 install 文件说明（有的是 readme 文件）配置、编译源文件。执行

./config

上述命令，为编译做好准备，检查当前系统是否包含后续安装过程所需要的依赖文件，如果缺少，必须在安装所有的依赖文件后才能进行下一步（prefix 用来指定安装目录），然后使用

make

命令进行编译，执行

make install

完成安装。

9.6 软件安装

Linux 系统下的软件安装可分为 rpm 二进制文件的安装和源代码解压缩的

安装两种方式。源代码解压缩的安装方式，在第 8 章和第 9 章中已经介绍。

9.6.1 rpm 软件包安装

rpm 软件包的安装需要先读取安装配置内容，然后检查 Linux 系统环境，以找出要安装软件包是否有依赖的软件尚未安装，完成 rpm 软件包的安装前准备，使用 rpm 工具管理 .rpm 格式的软件包，可以用于绝大多数的 Linux 发型版本安装软件包，使用 rpm －i 安装一个软件包（通常使用一个 –i 就够了，即 –i install 的意思）。安装该软件包中的文件到当前系统，安装过程不提示任何信息。但是会加上 –v 和 –h 这两个选项。–v 选项用于显示 rpm 当前执行的工作，–h 选项用于提醒用户当前安装的进度。–v 观察详细安装信息，–h 显示安装信息列。

例如：以 root 身份登入操作 rpm 命令，安装一个文件名为 dump–0.4b41 –1.src.rpm 的软件，操作如下：

```
[root@www]#rpm - -v –h dump-0.4b41 -1.src.rpm
```

可以把多个选项合并在一起，上述命令与下面的命令是等价的：

```
# sudo rpm –ivh dump-0.4b41 -1.src.rpm
```

安装完毕后，该软件相关的信息会写入 /var/lib/rpm/ 目录下的数据库文件，这个数据库文件记载着任何有软件升级的需求，安装包间存在的依赖关系。

rpm －i 提供 –force 选项，用于忽略一切依赖和兼容问题。有的正在安装的软件包需要在其他软件包的支持下才能正常工作，强行安装就会发生相关性冲突，利用 –nodeps 选项可以使 RPM 忽略这些错误并继续安装软件包，

如果不能满足软件包的依赖关系，仍然要进行软件包的安装，则使用强制安装命令安装，命令如下：

```
$ rpm --force –i rpm dump-0.4b41 -1.src.rpm
```

说明：强制安装不能保证软件安装到系统后一定能正常运行。

卸载已经安装的软件包，使用 rpm －e 命令：

```
# sudo rpm –e tcpdump
```

说明：删除 tcpdump 软件包。

rpm 软件包的卸载同样存在依赖关系，只有在没有依赖关系存在时才能

对其进行卸载。在使用 rpm 命令进行卸载时，rpm 命令会分析要卸载的软件包的依赖关系，当存在依赖关系时会自动停止，并显示由哪个软件造成的卸载失败。根据 rpm 提示的错误信息，确定先卸载的软件包，再卸载被依赖的软件包。有些时候，由于软件包之间存在相互依赖关系，由于卸载的软件包，有可能被多个软件包所依赖，也可能出现某软件包卸载后，导致其他软件无法运行的情况，rpm 会谨慎拒绝卸载请求，这时用户可以使用 –nodeps 选项继续这一卸载操作。当然，最好的方式是使用 –test 选项，这个选项要求 rpm 模拟删除软件的全过程，并不真正执行删除操作。也可以增加 –vv（两个 v）要求 rpm 输出完整的调试信息。

sudo rpm –e –vv –test xorg-x11-devel

更新软件包：

rpm –U

用户可以指定 –v 和 –h 选项：

$ rpm –Uvh

软件升级操作实际是卸载和安装的组合，是先卸载旧版本的软件包，然后安装新的软件包。软件包的卸载，在卸载时不显示任何信息。

9.6.2 使用 rpm 命令查询软件包

（1）查询系统中安装的所有 rpm 包

$ rpm -qa

查询当前 linux 系统中已经安装的软件包。

例如：

$ rpm -qa | grep -i x11 | head -3

查看系统中包含 x11 字符串的前 3 行软件包。

（2）查询软件包是否安装

$ rpm –q rpm 包名称

查看系统中指定软件包是否安装。

例如：

$ rpm -q bash

查看系统中 bash 软件包是否安装。

"；rpm -q"；

命令中指定的软件包名称需要准确拼写，该命令不会在软件包的名称中进行局部匹配的查询。

（3）查询已安装软件包详细信息

$ rpm –qi rpm 包名称

查询 linux 系统中指定名称软件包的详细信息。

例如：

$ rpm -qi bash

查看 bash 软件包的详细信息。

"；rpm -qi"；

命令的执行结果中包含较详细的信息，包括：软件名称、版本信息、包大小、描述等。

（4）查询已安装软件包中的文件列表

$ rpm –ql rpm 包名称

查询已安装软件包在当前系统中安装了哪些文件。

例如：

$ rpm -ql bash | head -3

查看 bash 软件在系统中已安装文件的前 3 行文件列表。

$ rpm -ql bash | grep bin

用过滤方式查看 bash 中包含 bin 字符串的文件列表。

（5）查询系统中文件所属的软件包

$ rpm –qf 文件名称

查询 linux 系统中指定文件所属的软件包。

例如：

$ rpm -qf /bin/bash

查看 bash 文件所属的软件包。bash–3.0–19.2 为显示的结果。

（6）查询 rpm 安装包文件中的信息

$ rpm –qpi rpm 包文件名

查看 rpm 包未安装前的详细信息。

$ rpm –qpl rpm 包文件名

查看 rpm 包未安装前的文件列表。

"；rpm –qpi 和 rpm –qpl

这两条命令可作为在安装软件包之前对其的了解。

（7）rpm 命令查询实例

$ which mount

获得 mount 命令的可执行文件路径。

$ rpm –qf /bin/mount

查询 /bin/mount 所属的软件包。

$ rpm –qi util-linux

查询 /bin/mount 所属软件包的详细信息。

$ rpm –qf util-linux | grep mount

查询 /bin/mount 所属软件包中包括 mount 相关的所有文件。

9.6.3 Yum 安装

为了自动处理解决软件包安装或移除与升级的软件包的依赖关系，制定各种安装软件包的依赖解决方案，然后放在 Yum 服务器上面，供用户端安装与升级。RedHat 发布软件时已经制作出多部站点，供用户使用。由于 RedHat 系统安装时已经安装了 Yum，需要使用网上开源的 Yum 源。有关 Yum 安装，不再详细介绍。

9.7 Linux 集群下并行程序设计

Linux 集群下提高计算效率的方法主要有 MPI 并行程序设计和 CUDA 环境下的 GPU 程序设计。

9.7.1 MPI 并行程序开发环境的配置

1）登录：ssh 192.168.0.240（ip 地址），输入 Username/Password（user / user ）；

2）修改环境变量：

vi .bashrc 加入：

source /opt/intel/cce/10.0.015/bin/iccvars.sh

source /opt/intel/fce/10.0.015/bin/ifortvars.sh

export PATH=/opt/mpi/mpich1.2.7-intel/bin:$PATH

保存退出后执行 source .bashrc。

vi .cshrc 加入：

source /opt/intel/cce/10.1.015/bin/iccvars.csh

source /opt/intel/fce/10.1.015/bin/ifortvars.csh

setenv PATH ${PATH}:/opt/mpi/mpich1.2.7-intel/bin

保存退出后执行 source .cshrc。

3）退出：exit / logout。

4）MPI 环境使用。

9.7.2 MPI 并行程序的编译

使用 Intel 编译器 icc/ifc 的 MPI，编译命令：

/opt/mpi/mpich1.2.7-intel/bin/mpicc -o myprogram myprogram.c

/opt/mpi//mpich1.2.7-intel/bin/mpiCC -o myprogram myprogram.cpp

/opt/mpi//mpich1.2.7-intel/mpif77 -o myprogram myprogram.f

/opt/mpi//mpich1.2.7-intel/bin/mpif90 -o myprogram myprogram.f90

9.7.3 MPI 并行程序的启动

使用 Intel 编译器 icc/ifc 的 MPI，启动命令：

/opt/mpi//mpich1.2.7-intel l/bin/mpirun -machinefile hosts -np ?? myprogram

其中 hosts 文件包括了实际可以使用的节点名：

node001

node002

node003

……

配置好并行程序开发环境后，试完成如下项目，并用 qstat 查看作业。

9.7.4 GPU 并行程序开发环境的配置

除了广泛使用的高性能 MPI 并行编程计算外，最近在 MPI 下配置 CUDA 的 GPU 编程也得到了应用，CUDA 设置如下：

在 .cshrc 中添加

```
setenv PATH /usr/local/cuda/bin:${PATH}
setenv LD_LIBRARY_PATH /usr/local/cuda/lib64
```

CUDA 常用库函数为 cuda.h,duda_runtime.h，等等。在编写程序时是否需要在程序中填加头文件 #include<xxx.h>，根据功能函数的需要而定。CUDA 程序的后缀是 .cu，执行 CUDA 程序时，输入下述命令：nvcc hello_world.cu，这时就会生成一个可执行文件 hello_world.out，然后输入 ./hello_world.out，就可以执行该程序了。CUDA 程序可以用 cuda-gdb 调试，CUDA 开发应用软件安装在 /usr/local/cuda 目录下。

复习思考题

1. 常见的地震数据格式有 segy 格式、segd 格式等，请读入一个 sgy 文件的数据，然后输出。(部分代码已经给出，供参考。)

```
#include "stdio.h"
#include "stdlib.h"
#include "string.h"
#include "math.h"
void main( )
{
FILE *filein,*fileout; // 输入文件及输出文件两个文件指针
char inputfile[200],outputfile[200]; // 输入文件名和输出文件名
int i,j,l; // 定义一些整数，循环的时候用
int traces,trace_length,samp_interval;
// 道数、道长度（即每道的时间采样点数），时间采样间隔
unsigned char f3200[3200]; // 文件头部开始的字节
```

```
short int f400[200]; // 文件头部字节二进制部分
float xmax; // 用来存放某一个地震道的绝对值最大值
char Trace_header[240];
float *tracedata;// 浮点型的指针，用来开辟内存，放置地震道的数据
printf(" 输入文件名 [*.sgy]:\n");
scanf("%s",inputfile);
printf(" 输出文件名 [*.sgy]:\n");
scanf("%s",outputfile);
filein=fopen(inputfile,"rb");
if(filein==NULL)
{
printf("Can not open File %s\n",inputfile);
exit(0);
}
fileout=fopen(outputfile,"wb");
if(filein==NULL)
{
printf("Can not open File %s \n",outputfile);
fclose(filein);
exit(0);
}
fread(f3200,3200,1,filein); // 读入 3200 字节文件头部分
fread(f400,400,1,filein); // 读入 400 字节文件头部分
samp_interval=f400[8];
trace_length=f400[11];
fseek(filein,0,2);
l=ftell(filein);
traces=(l-3600)/(240+4L*trace_length);
fseek(filein,3600,0);
fwrite(f3200,3200,1,fileout);// 写出 3200 字节
```

```
fwrite(f400,400,1,fileout);// 写出 400 字节
tracedata=new float[trace_length];
for(i=0;i<traces;i++)
{
fread(Trace_header,240,1,filein); // 读入道头
fread(tracedata,4L*trace_length,1,filein); // 读入地震道数据
xmax=fabs(tracedata[0]);
for(j=1;j<trace_length;j++) // 循环取得最大的绝对值
if(xmax<fabs(tracedata[j])) xmax=fabs(tracedata[j]);
if(xmax>0) // 如果非 0，就对每个数据除以该最大值
{
for(j=0;j<trace_length;j++)
tracedata[j]/=xmax;
}
fwrite(Trace_header,240,1,fileout); // 原样输出道头
fwrite(tracedata,4L*trace_length,1,fileout); // 输出那个变化的地震数据
}
fcloseall(); // 关闭文件
delete tracedata; // 释放内存
printf("File process finished.\n");
}
```

2. Linux 集群下并行编程 MPI 是提高计算效率有效方法，试配置并行程序设计环境，并完成下述操作。

（1）运行 Fortran 语言的 MPI 程序 hello world

编译：mpif77 -o hellof hello.f

运行：mpirun –machinefile hosts -np ?? ./hellof

用 qstat 查看作业

（2）运行 C 语言的 MPI 程序 hello world 程序

编译：mpicc -o helloc hello.c

运行：mpirun –machinefile hosts -np ?? ./helloc

（3）用提供的 MPI 函数，编写并行的程序。

3. 下面给出了 CUDA 下并行程序的例子，该例子的输出结果是什么？

```
Include<stdio.h>
__device__ int addem( int a, int b ) {
    return a + b;
}
__global__ void add( int a, int b, int *c ) {
    *c = addem( a, b );
}
int main( void ) {
    int c;
    int *dev_c;
cudaMalloc( (void**)&dev_c, sizeof(int) ) ;
    add<<<1,1>>>( 2, 7, dev_c );
    cudaMemcpy( &c, dev_c, sizeof(int), cudaMemcpyDeviceToHost ) ;
    printf( "2 + 7 = %d\n", c );
    cudaFree( dev_c ) ;
    return 0;
}
```

第 10 章 Linux 项目上机实训

CHAPTER 10

上机实训一　VMware 软件、Linux 系统安装，熟悉软件环境

实训目标：

1. 了解获取 VMware、Red Hat Enterprise Liunx 的方法；
2. 熟悉安装 VMware、Linux 前的准备工作；
3. 掌握 Red Hat Enterprise Liunx 的安装过程；
4. Red Hat Enterprise Liunx 安装后的初始配置；
5. 熟悉升级 Red Hat Enterprise Liunx 的检测方法。

一、在 VMware 中安装 RHEL 9

【操作要求】在 VMware 虚拟软件中利用光盘（或 ISO 镜像）安装 RHEL 9。

【操作步骤】

1）修改 BIOS 的启动顺序，确保以光盘启动计算机。

2）将 RHEL 9 光盘放入光驱，或者将 ISO 安装镜像文件连接到虚拟机中。重新启动计算机后出现安装启动画面，按 Enter 键，开始图形化方式安装。

3）在欢迎界面上单击“NEXT”按钮继续。

4）选择“Chinese（Simplified）（简体中文）”作为安装中使用的语言。

5）选择键盘类型，保持默认选择“U.S.English”。

6）根据实际使用的鼠标情况，选择鼠标类型。

7）选择“用 Disk Druid 手工分区”，在 Disk Druid 窗口中首先删除一个或多个磁盘分区，注意不要删除 Windows 系统目录所在的磁盘分区，通常是 /dev/hda1 设备。

8）在空闲的磁盘空间，建立一个交换分区和一个根分区。

9）为方便使用，修改引导装载程序 GRUB 的标签。

10）根据计算机所在网络实际情况配置网络。

11）不修改防火墙的默认设置，单击“下一步”按钮继续。

12）保持系统的默认语言为“Chinese（P.R.of China）”，单击“下一步”按钮继续。

13）保持时区的位置为“亚洲 / 上海”，单击“下一步”按钮继续。

14）设置超级用户的口令，注意不要忘记此口令。

15）接受当前的软件包列表，并开始安装软件包，根据屏幕的提示更换安装光盘。

16）保持系统对显卡的设置，单击“下一步”按钮继续。

17）保持系统对显示器的设置，单击“下一步”按钮继续。

18）保持系统对图形化用户界面的设置，单击“下一步”按钮继续。

19）最后单击“退出”按钮结束安装过程，取出安装光盘。

二、启动 RHEL 9

【操作要求】启动新安装的 RHEL 9 并进行初始化设置，添加普通用户 long，并以 long 用户身份登录 GNOME 桌面环境。

【操作步骤】

1）计算机重启后，启动 RHEL 9。

2）在红帽设置代理的欢迎画面上单击“下一步”按钮，开始一系列的初始化配置。

3）阅读 RHEL 9 的许可协议内容，并选择“是，我同意这个协议（Y）”。

4）设置当前的日期和时间。

5）创建一个普通用户账号，必须输入用户名（long）和口令（Pa$$word）。

6）检测声卡。

7）选择“否，我不想注册我的系统”，不注册 Red Hat 网络。

8）安装文档光盘。

9）结束初始化设置。

10）在 RHEL 9 的登录画面上输入用户名（long）。

11）输入对应的用户口令（Pa$$word），进入 GNOME 桌面环境。

三、注销用户

【操作要求】注销 long 用户。

【操作步骤】

1）单击 GNOME 的主菜单图标（红帽子图标），在弹出的 GNOME 主菜单中选中“注销”。

2）在弹出的对话框中单击“确定”按钮，退出 GNOME 桌面环境，屏幕再次显示登录界面，等待新用户登录系统。

四、关机

【操作要求】关闭计算机。

【操作步骤】

1）单击登录画面下方的“关机”项，弹出对话框，询问是否确实要关闭计算机，单击“是”按钮。

2）屏幕显示系统正在依次停止系统的相关服务，直到出现“PowerDown”信息就可以关闭主机电源。

五、实训报告

按要求完成实训报告。

上机实训二　基本命令

实训目标：

1. 熟悉登录到系统、退出系统、重新启动和关机的操作；
2. 熟悉 Linux 命令行下常用命令的使用方法；
3. 熟悉 Linux 图形界面的进入方法，了解桌面环境的设置；
4. 重点通过 Linux 的安装练习和图形化用户界面的使用，熟悉 Linux 操作系统环境和基本操作方法，进一步加深对 Linux 操作系统的认识。

子项目 1：Linux 系统基础指令

文件和目录类命令的使用

1）启动计算机。利用 root 用户登录到系统，进入字符提示界面。练习使用 cd 命令。

2）用 pwd 命令查看当前所在的目录。pwd 命令用于显示用户当前所在的目录，如果用户不知道自己当前所处的目录，就可以使用这个命令获得当前所在目录。

3）用 ls 命令列出此目录下的文件和目录。然后使用 ls 命令，并用 –a 选项列出此目录下包括隐藏文件在内的所有文件和目录。

4）在当前目录下创建测试目录 test。利用 ls 或 ll 命令列出文件和目录，确认 test 目录创建成功。然后进入 test 目录，利用 pwd 查看当前工作目录。最后用 man 命令查看 ls 命令的使用手册。mkdir 命令用于创建一个目录。该命令的语法为：mkdir[参数] 目录名常用参数 －p，如果父目录不存在，则同时创建该目录及该目录的父目录。

5）利用 cp 命令复制系统文件 /etc/profile 到当前目录下。

```
# cp /etc/profile .
```

6）复制文件 profile 到一个新文件 profile.bak 作为备份。

```
# cp profile profile.bak
```

7）用 ll 命令以长格形式列出当前目录下的所有文件。注意比较每个文件的长度和创建时间的不同。

8）用 less 命令分屏查看文件 profile 的内容。注意练习 less 命令的各个子命令，如 b、p、q 等，并对 then 进行关键字查找。

9）用 grep 命令在 profile 文件中对关键字 then 进行查询，并与上面的结果比较。

注意：不知道 profile 文件在哪儿怎么办？可输入以下命令。

```
# find / -name "profile"
```

10）给文件 profile 创建一个软链接 lnsprofile 和一个硬链接 lnhprofile。

```
# ln profile lnhprofile
# ln -s profile lnsprofile
```

11）以长格形式显示文件 profile、lnsprofile 和 lnhprofile 的详细信息。注意比较 3 个文件链接数的不同。

12）删除文件 profile，用长格形式显示文件 lnsprofile 和 lnhprofile 的详细信息，比较文件 lnhprofile 的链接数的变化。

13）用 less 命令查看文件 lnsprofile 的内容，看看有什么结果。

14）用 less 命令查看文件 lnhprofile 的内容，看看有什么结果。

15）删除文件 lnsprofile，显示当前目录下的文件列表，回到上层目录。

```
# rm lnsprofile
# ll
# cd ..
```

16）用 tar 命令把目录 test 打包。

```
tar –zcvf  file.tar.gz  /home
tar –cvf   file.tar   /home
```

17）用 gzip 命令把打好的包进行压缩。

```
gzip file.tar
gzip –c /tmp/file.tar.gz  file.tar
```

注意：第一、二种方式的不同解压缩为 gzip －d /tmp/file.tar.gz。

18）把文件 test.tar.gz 改名为 backup.tar.gz。

19）显示当前目录下的文件和目录列表，确认重命名成功。

20）把文件 backup.tar.gz 移动到 test 目录下。

21）显示当前目录下的文件和目录列表，确认移动成功。

22）进入 test 目录，显示目录中的文件列表。

23）把文件 backup.tar.gz 解压缩。

```
tar –zxvf backup.tar.gz
```

24）显示当前目录下的文件和目录列表，复制 test 目录，为 testbak 目录作备份。

25）查找 root 用户自己主目录下的所有名为 newfile 的文件。

```
find ~ -name newfile"
```

26）删除 test 子目录下的所有文件。

```
rm -f  test/*
```

27）利用 rmdir 命令删除空子目录 test。回到上层目录，利用 rm 命令删除目录 test 和其下所有文件。

rm -rf test

子项目 2：系统信息类命令的使用

1）利用 date 命令显示系统当前时间，并修改系统的当前时间。

#date -s // 设置当前时间，只有 root 权限才能设置，其他只能查看。

#date -s 20210408 // 设置成 20210408，这样会把具体时间设置成空 00:00:00。

#date -s 12:23:23 // 设置具体时间，不会对日期做更改。

#date -s " 12:12:23 2021-04-08" //，这样可以设置全部时间。

2）显示当前登录到系统的用户状态。

who 出来结果的格式是：

name [state] line time [idle] [pid] [comment] [exit]

3）利用 free 命令显示内存的使用情况。

4）利用 df 命令显示系统的硬盘分区及使用状况。

5）显示当前目录下各级子目录的硬盘占用情况。

du /home

子项目 3：进程管理类命令的使用

1）使用 ps 命令查看和控制进程。

① 显示本用户的进程：#ps。

② 显示所有用户的进程：#ps -au。

③ 在后台运行 cat 命令：#cat &。

④ 查看进程 cat：# ps aux |grep cat。

⑤ 杀死进程 cat：#kill -9 cat。

⑥ 再次查看进程 cat：看看是否被杀死。

2）使用 top 命令查看和控制进程。

① 用 top 命令动态显示当前的进程。

② 只显示用户 user01 的进程，利用 U 键。

③ 利用 K 键，杀死指定进程号的进程。

3）挂起和恢复进程。

① 执行命令 cat。

② 按 [Ctrl+Z] 键，挂起进程 cat。

③ 输入 jobs 命令，查看作业。

④ 输入 bg，把 cat 切换到后台执行。

⑤ 输入 fg，把 cat 切换到前台执行。

⑥ 按 [Ctrl+C] 键，结束进程 cat。

4）find 命令的使用。

① 在 /var/lib 目录下查找所有文件所有者是 games 用户的文件。

#find /var/lib –user games

② 在 /var 目录下查找所有文件所有者是 root 用户的文件。

#find /var –user root

③ 查找所有文件所有者不是 root、bin 和 student 用户的文件，并用长格式显示，如 ls –l 的显示结果。

#find / ! –user root -and ! –user bin –and ! –user student –exec ls –l {} \; 2> /dev/null

注意：{} 与 \; 之间存在一个空格；2> /dev/null 意味着所有错误将不显示。

④ 查找 /usr/bin 目录下所有大小超过一百万 byte 的文件，并用长格式显示，如 ls –l 的显示结果。

#find /usr/bin -size +1000000c -exec ls -l {} \;

⑤ 对 /etc/mail 目录下的所有文件使用 file 命令。

#find /etc/mail –exec file {} \; 2 > /dev/null

⑥ 查找 /tmp 目录下属于 student 的所有普通文件，这些文件的修改时间为 5 天以前，查询结果用长格式显示，如 ls –l 的显示结果。

find /tmp –user student –and –mtime +5 –and –type f –exec ls {} \; 2> /dev/null

⑦ 对于查到的上述文件，用 –ok 选项删除。

find /tmp –user student –and –mmin +5 –and –type f –ok rm {} \;

ok

选项询问，是否删除。

-exec

不会询问则直接删除

子项目 4：tar 命令的使用

1）在 /home 目录里用 find 命令定位文件所有者是 student 的文件，然后将其压缩。

#find /home –user student –exec tar czvf /tmp/backup.tar {} \;

2）保存 /etc 目录下的文件到 /tmp 目录下。

#tar cvf /tmp/confbackup.tar /etc/

3）列出两个文件的大小。

4）使用 gzip 压缩文档。

#gzip /tmp/backup.tar

#gzip –c /tmp/backup.tar > /tmp/backup.tar.gz

子项目 5：其他命令的使用

利用 touch 命令，在当前目录创建一个新的空文件 newfile。

上机实训三　文件、用户管理

实训目标：

1．掌握文件和目录的基本操作；

2．掌握用户和组的创建和管理；

3．学会文件权限的设定。文件和目录操作要求熟悉 Linux 的常用命令、在线帮助的获得以及外部存储设备的使用。

子项目 1：用户的管理

创建一个新用户 user01，设置其主目录为 /home/user01。

查看 /etc/passwd 文件的最后一行，看看是如何记录的。

查看 /etc/shadow 文件的最后一行，看看是如何记录的。

给用户 user01 设置密码。

再次查看 /etc/shadow 文件的最后一行，看看有什么变化。

使用 user01 用户登录系统，看能否登录成功。

锁定用户 user01。

查看文件 /etc/shadow 文件的最后一行，看看有什么变化。

再次使用 user01 用户登录系统，看能否登录成功。

解除对用户 user01 的锁定。

更改用户 user01 的账户名为 user02。

查看 /etc/passwd 文件的最后一行，看看有什么变化。

删除用户 user02。

子项目 2：组的管理

创建一个新组 group1。

查看 /etc/group 文件的最后一行，看看是如何设置的。

创建一个新账户 user02，并把它的起始组和附属组都设为 group1。

查看 /etc/group 文件中的最后一行，看看有什么变化。

给组 group1 设置组密码。

在组 group1 中删除用户 user02。

再次查看 /etc/group 文件中的最后一行，看看有什么变化。

删除组 group1。

用图形界面管理用户和组：进入 X-Window 图形界面；打开系统配置菜单中的用户和组的管理子菜单，练习用户和组的创建与管理。

子项目 3：硬盘管理

1）使用 fdisk 命令进行硬盘分区。

以 root 用户登录到系统字符界面下，输入 fdisk 命令，把要进行分区的硬盘设备文件作为参数，例如：fdisk /dev/sda。

利用子命令 m，列出所有可使用的子命令。

输入子命令 p，显示已有的分区表。

输入子命令 n，创建扩展分区。

输入子命令 n，在扩展分区上创建新的分区。

输入 l，选择创建逻辑分区。

输入新分区的起始扇区号，回车使用默认值。

输入新分区的大小。

再次利用子命令 n 创建另一个逻辑分区，将硬盘所有剩余空间都分配给它。

输入子命令 p，显示分区表，查看新创建好的分区。

输入子命令 l，显示所有的分区类型的代号。

输入子命令 t，设置分区的类型。

输入要设置分区类型的分区代号，其中 fat32 为 b，Linux 为 83。

输入子命令 p，查看设置结果。

输入子命令 w，把设置写入硬盘分区表，退出 fdisk 并重新启动系统。

2）用 mkfs 创建文件系统。

在上述刚刚创建的分区上创建 ext3 文件系统和 vfat 文件系统。

3）用 fsck 检查文件系统。

4）挂载和卸载文件系统。

利用 mkdir 命令，在 /mnt 目录下建立挂载点：mountpoint1 和 mountpoint2。

利用 mount 命令，列出已经挂载到系统上的分区。

把上述新创建的 ext3 分区挂载到 /mnt/mountpoint1 上。

把上述新创建的 vfat 分区挂载到 /mnt/mountpoint2 上。

利用 mount 命令列出挂载到系统上的分区，查看挂载是否成功。

利用 umount 命令卸载上面的两个分区。

利用 mount 命令查看卸载是否成功。

编辑系统文件 /etc/fstab 文件，把上面两个分区加入此文件中。

重新启动系统，显示已经挂载到系统上的分区，检查设置是否成功。

5）使用光盘与 U 盘。

取一张光盘放入光驱中，将光盘挂载到 /media/cdrom 目录下。

查看光盘中的文件和目录列表。

卸载光盘。

利用与上述相似的命令完成 U 盘的挂载与卸载。

6）磁盘限额。

启动 vi 编辑 /etc/fstab 文件。

把 /etc/fstab 文件中的 home 分区添加用户和组的磁盘限额。

用 quotacheck 命令创建 aquota.user 和 aquota.group 文件。

给用户 user01 设置磁盘限额功能。

将其 blocks 的 soft 设置为 5000，hard 设置为 10000；inodes 的 soft 设置为 5000，hard 设置为 10000。编辑完成后保存并退出，重新启动系统。用 quotaon 命令启用 quota 功能。切换到用户 user01，查看自己的磁盘限额及使用情况。

尝试复制大小分别超过磁盘限额软限制和硬限制的文件到用户的主目录下，检验一下磁盘限额功能是否起作用。

子项目 4：设置文件权限

在用户主目录下创建目录 test，进入 test 目录创建空文件 file1。以长格形式显示文件信息，注意文件的权限以及所属用户和组。

对文件 file1 设置权限：使其他用户可以对此文件进行写操作，查看设置结果。取消同组用户对此文件的读取权限，查看设置结果。用数字形式为文件 file1 设置权限，所有者可读、可写、可执行；其他用户和所属组用户只有读和执行的权限，设置完成后查看设置结果。用数字形式更改文件 file1 的权限，使所有者只能读取此文件，其他任何用户都没有权限查看设置结果。为其他用户添加写权限，查看设置结果。回到上层目录，查看 test 的权限。为其他用户添加对此目录的写权限。

改变所有者：查看目录 test 及其中文件的所属用户和组，把目录 test 及其下的所有文件的所有者改成 bin，所属组改成 daemon。查看设置结果。删除目录 test 及其下的文件。

具体实训内容：

1）Linux 用户的创建、登录、切换、修改、删除以及注销操作练习。

2）列出 /etc 目录下的文件和目录包括权限的详细列表。

3）在 /home/ 新建目录，修改目录的访问权限。

4）用 vi 文字编辑器编辑文字，并进行相关文件操作。

5）检索 /etc 目录下的 etcdir 文件，利用输出重定向把命令输出到文件 etcdir 中。

6）设计 etcdir 文件的行数和字数，列出目录 /root 下全部的文件，包括隐藏文件。

7）用 head 命令只显示任一文件的头 10 行。

子项目 5：远程挂盘

1）进入个人电脑，远程登入 Linux 集群系统。

ssh root@202.204.195.43（ip 地址）

password:（输入密码）

2）配置文件。

vi /etc/exports

加入如下内容：

/data1 202.204.192.43

/data2 202.204.192.43

3）执行以下命令。

exportfs -v

4）重启服务。

. /etc/init.d/portmap restart

/etc/init.d/nfs restart

5）电脑上打开终端进入 root 管理员账户。

su - root

password:

6）重启服务。

/etc/init.d/portmap restart

/etc/init.d/netfs restart

7）验证是否远程挂盘。

mount 202.204.192.43:/data1 /1

mount 202.204.192.43:/data2 /2

上机实训四　vi 及 Shell 脚本编程

实训目标：

1. 熟悉 vi 脚本的基本命令；

2. 熟悉 Shell 脚本结构化程序设计方法；重点掌握选择程序、循环程序的结构化程序设计方法。

子项目 1：脚本的创建

1）进入 vi。

2）建立一个文件，如 file.c，进入插入模式，输入一个 C 语言程序的各行内容，故意制造几处错误，最后，将文件存盘，回到 Shell 状态下。

3）运行 gcc –o file file.c，编译该文件，会发现错误的提示，理解其含义。

4）重新进入 vi，对该文件进行修改，然后存盘，退出 vi，重新编译该文件，如果编译通过了，可以使用 ./file 运行该程序。

5）运行 man date > file10 ，然后 vi file10 ；使用 x ,dd 等命令删除某些文本行。例如：

#x 删除几个字符（# 表示数字，比如 3x；dw 删除一个单词）；

#dw 删除几个单词（# 用数字表示，比如 3dw 表示删除三个单词）；

#dd 删除一行；

#dd 删除多个行（# 代表数字，比如 3dd）；

#d$ 删除光标到行尾的内容；

#J 清除光标所处的行与上一行之间的空格，把光标行和上一行接在一起。

6）使用 u 命令复原此前的情况。按 ESC 键返回 Command（命令）模式，然后按

u 键来撤消删除以前的删除或修改；如果想撤消多个以前的修改或删除操作，多按几次 u，或使用 2dd 删除文本中的两行。

7）使用 c ,s ,r 等命令修改文本的内容。

8）使用检索命令进行给定模式的检索。

查找命令：/SEARCH

注：正向查找，按 n 键把光标移动到下一个符合条件的地方；

?SEARCH

注：反向查找，按 shift+n 键，把光标移动到下一个符合条件的地方。

替换命令：:s /SEARCH/REPLACE/g

注：把当前光标所处的行中的 SEARCH

单词，替换成 REPLACE，并把所有 SEARCH 高亮显示；:%s /SEARCH/REPLACE

注：把文档中所有 SEARCH 替换成 REPLACE；

:#,# s /SEARCH/REPLACE/g

注：# 号表示数字，表示从多少行到多少行，把 SEARCH 替换成 REPLACE。

vi 是在 Unix 上被广泛使用的中英文编辑软件。vi 是 visual editor 的缩写，是 Unix 提供给用户的一个窗口化编辑环境。进入 vi，直接执行 vi 编辑程序即可。例如：

```
$vi test.c
```

1）编写脚本 if1，测试其功能。

```
echo -n "word 1: "
read word1
echo -n "word 2: "
read word2
if test "$word1" = "$word2"
 then
       echo "Match"
fi
echo "End of program."
```

2）编写脚本 chkargs，测试其功能。

```
if test $# -eq 0
  then
       echo "You must supply at least one argument."
       exit 1
fi
```

```
echo "Program running."
```

3）编写脚本 if2，测试其功能。

```
 if test $# -eq 0
 then
        echo "You must supply at least one argument."
  exit 1
fi
if test -f "$1"
   then
        echo "$1 is a regular file in the working directory"
   else
        echo "$1 is NOT a regular file in the working directory"
fi
```

4）编写脚本 if3，测试其功能。

```
echo -n "word 1: "
read word1
echo -n "word 2: "
read word2
echo -n "word 3: "
read word3
if [ "$word1" = "$word2" -a "$word2" = "$word3" ]
   then
        echo "Match: words 1, 2, & 3"
    elif [ "$word1" = "$word2" ]
    then
        echo "Match: words 1 & 2"
    elif [ "$word1" = "$word3" ]
 then
        echo "Match: words 1 & 3"
    elif [ "$word2" = "$word3" ]
```

```
    then
        echo "Match: words 2 & 3"

  else
        echo "No match"
fi
```

5）编写脚本 smartzip，测试其功能。

```
#!/bin/bash
ftype=`file "$1"`
case "$ftype" in
"$1: Zip archive"* )
unzip "$1" ;
"$1: gzip compressed"* )
gunzip "$1" ;
"$1: bzip2 compressed"* )
bunzip2 "$1" ;
* )echo "File $1 can not be uncompressed with smartzip";;
esac
```

6）编写脚本 dirfiles，测试其功能。

```
for i in *
do
    if [ -d "$i" ]
      then
          echo "$i"
    fi
done
```

7）编写脚本 until1，测试其功能，用 while 改写之。

```
secretname=jenny
name=noname
echo "Try to guess the secret name!"
```

```
echo
until [ "$name" = "$secretname" ]//while
改写位
 while [
“$name” !=
“$secretname” ], 其他地方不变
do
   echo -n "Your guess: "
   read name
done
echo "Very good."
```

8）编写脚本 brk，测试其功能。

```
for index in 1 2 3 4 5 6 7 8 9 10
   do
       if [ $index -le 3 ]  then
         echo "continue"
         continue
       fi
#
   echo $index
#
   if [ $index -ge 8 ]  then
       echo "break"
    break
 fi
```

上机实训五　Linux 系统网络配置

实训目标：

1．掌握 Linux 下 TCP/IP 网络的设置方法；

2. 学会使用命令检测网络配置；

3. 学会启用和禁用系统服务。

子项目1：TCP/IP网络配置

在一台已经安装好Linux系统但还没有配置TCP/IP网络参数的主机上，设置好各项TCP/IP参数，连通网络设置IP地址及子网掩码。

用dmesg命令查看系统启动信息中关于网卡的信息。

查看系统加载的与网卡匹配的内核模块。

查看系统模块加载配置文件中关于网卡的信息。

查看网络接口eth0的配置信息。

为此网络接口设置IP地址、广播地址、子网掩码，并启动此网络接口。

利用ifconfig命令查看系统中已经启动的网络接口。仔细观察所看到的现象，记录启动的网络接口。显示系统的路由设置。

设置默认路由。

再次显示系统的路由设置，确认设置成功。

显示当前的主机名设置；并以自己姓名缩写重新设置主机名。

再次显示当前的主机名设置，确认修改成功。

检测设置：

ping网关的IP地址，检测网络是否连通。

用netstat命令显示系统核心路由表。

用netstat命令查看系统开启的TCP端口。

编辑/etc/hosts文件，加入要进行静态域名解析的主机的IP地址和域名。

用ping命令检测上面设置好的网关的域名，测试静态域名解析是否成功。

编辑/etc/resolv.conf文件，加入域名服务器的IP地址，设置动态域名解析。

编辑/etc/host.conf文件，设置域名解析顺序为：hosts,bind。

用nslookup命令查询一个网址对应的IP地址，测试域名解析的设置。

用service命令查看守护进程sshd的状态。

如果显示sshd处于停用状态，可以试着用ssh命令来连接本地系统，看看是否真的无法登录。

用 service 命令启动 sshd，再用 ssh 命令连接本地系统，看看 sshd 服务是否真的已经启动。

用 ntsysv 命令设置 sshd 在系统启动时自动启动。

用 service 命令停止 sshd 守护进程。

用 service 命令重新启动 xinetd 服务，看看此时再利用 ssh 命令能否登录你的计算机。

子项目 2：DHCP 服务器的配置

（1）DHCP 服务器的配置 1

配置 DHCP 服务器，为子网 A 内的客户机提供 DHCP 服务。具体参数如下：

IP 地址段：192.168.11.101–192.168.11.200

子网掩码：255.255.255.0

网关地址：192.168.11.254

域名服务器：192.168.0.1

子网所属域的名称：jnrp.edu.cn

默认租约有效期：1 天

最大租约有效期：3 天

（2）DHCP 服务器的配置 2

架设一台 DHCP 服务器，并按照下面的要求进行配置：

为 192.168.203.0/24 建立一个 IP 作用域，并将 192.168.203.60~192.168.203.200 范围内的 IP 地址动态分配给客户机。

假设子网的 DNS 服务器的 IP 地址为 192.168.0.9，网关为 192.168.203.254，所在的域为 jnrp.edu.cn，将这些参数指定给客户机使用。

上机实训六　Linux 系统 DNS 网络配置

实训目标：

1. 掌握 Linux 下主 DNS、辅助 DNS 和转发器 DNS 服务器的配置与调试方法。

2. 练习主 DNS、辅助 DNS 和转发器 DNS 服务器的配置与管理方法。

3. 掌握 Linux 系统之间资源共享和互访方法；

4. 掌握 NFS 服务器和客户端的安装与配置。

在 Vmware 虚拟机中启动三台 Linux 服务器，IP 地址分别为 192.168.203.1、192.168.203.2 和 192.168.203.3，并且要求此 3 台服务器已安装了 DNS 服务所对应的软件包。

子项目 1：域名服务器的配置

配置主域名服务器：

在 IP 地址为 202.204.192.1 的服务器上，配置主域名服务器来负责对“web.cup.edu.cn”的解析工作。

在 /var/named/chroot/etc/named.conf 主配置文件中添加配置内容。

重新启动域名服务器。

测试域名服务器，并记录观测到的数据。启动 named 服务，测试配置。

子项目 2：NFS 服务器

练习 NFS 服务器的安装、配置、启动与测试。

在 Vmware 虚拟机中启动两台 Linux 系统，一台作为 NFS 服务器，本例中给出的 IP 地址为 202.204.192.1；一台作为 NFS 客户端，本例中给出的 IP 地址为 202.204.193.55。配置一个 NFS 服务器，使得客户机可以浏览 NFS 服务器中 /home/ftp 目录下的内容，但不可以修改。

1）NFS 服务器的配置：

检测 NFS 所需的软件包是否安装，如果没有安装利用 rpm -ivh 命令进行安装。

修改配置文件 /etc/exports，添加行：/home/ftp 1202.204.193.55（ro）。

修改后，存盘退出。

启动 NFS 服务。

检查 NFS 服务器的状态，看是否正常启动。

2）NFS 客户端的配置：

将 NFS 服务器（202.204.192.1）上的 /home/ftp 目录安装到本地机

202.204.193.55 的 /home/test 目录下。

利用 showmount 命令显示 NFS 服务器上输出到客户端的共享目录。

挂载成功后可以利用 ls 等命令操作 /home/test 目录，实际操作的为 202.204.192.1 服务器上 /home/ftp 目录下的内容，卸载共享目录。

上机实训七　服务器配置综合程序设计

实训目标：

1．熟悉 Web 网站站点配置；

2．掌握动态商业网站配置方法。

1）配置 Web 服务站点：

/etc/httpd/conf/httpd.conf 文件。停止 Apache 服务。编辑 /etc/httpd/conf 目录下的 httpd.conf 文件，启动 apache。启动客户端浏览器，在地址栏中输入服务器的域名或 IP 地址，观察所看到的界面。

2）设置用户主页：

默认情况下，在用户主目录中创建目录 public_html，然后把所有网页文件放在该目录下即可，输入网址 http://servername/~username 进行访问。请注意以下几点：利用 root 用户登录系统，修改用户主目录权限（#chmod 705 /home/ ～username），让其他人有权进入该目录浏览。以自己的用户名登录，创建 public_html 目录，保证该目录也有正确的权限让其他人进入。修改 httpd.conf 中 Apache 默认的主页文件为 index.htm。

用户自己在主目录下创建的目录，最好把权限设为 0700，确保其他人不能进入访问。在客户端浏览器中输入 http://servername/~username，看所链接的页面是否为用户的 index.htm 页面。

3）配置虚拟主机：

配置基于 IP 地址的虚拟主机；

配置基于端口的虚拟主机；

配置基于域名的虚拟主机。

4）搭建动态网站论坛。

上机实训八　Linux+Apache+MySQL+PHP（LAMP）开发环境配置

实训目标：

1．熟悉 LAMP 开源软件包下载及其安装方法；

2．熟悉各种软件安装包的格式、安装包的版本以及安装包之间的依赖关系。

（1）启动网卡

```
#!/bin/bash
# 准备工作
ifconfig eth0 up
service network start
cd /usr/bin
cp gcc* gcc
cp g++* g++
cd /root
```

（2）下载安装 LAMP 开发软件的依赖

```
# 下载 安装 libxml2
mkdir down
cd down
wget http:// 下载网址 /libxml2–2.6.32.tar.gz
tar -zxvf libxml2-2.6.32.tar.gz
cd libxml2-2.6.32
./configure
make
make install

# 下载 安装 ncurses
cd ..
wget http:// 下载网址 /ncurses–5.6.tar.gz
```

```
tar -zxvf ncurses-5.6.tar.gz
cd ncurses-5.6
./configure
make                    # 在此处存在 error 仍然可以进行下一步
make install

# 下载 配置 安装 mysql
cd ..
groupadd mysql
useradd -g mysql mysql
wget https:// 下载网址 /mysql-5.0.18.tar.gz
tar -zxvf mysql-5.0.18.tar.gz
cd mysql-5.0.18
./configure --prefix=/usr/local/mysql
make
make install
cp support-files/my-medium.cnf /etc/my.cnf
cd /usr/local/mysql
bin/mysql_install_db --user=mysql
bin/mysqld_safe &   # 开始后台运行 MySQL
# 如果需要在 Shell 中运行 mysql 运行下个命令
# cp /usr/local/mysql/bin/* /usr/bin

# 安装 Apache
cd /root/down
wget http:// 下载网址 /httpd-2.2.0.tar.gz
tar -zxvf httpd-2.2.0.tar.gz
cd httpd-2.2.0
./configure --enable-so
make
```

```
make install
# 开启 Apache
/usr/local/apache2/bin/apachectl start

# 安装 Python
cd ..
wget http:// 下载网址 /Python-3.2.6.tgz
tar -zxvf Python-3.2.6.tgz
cd Python-3.2.6
./configure
make
make install
# 开启 python 3
python3
```

具体要求完成下述 python 安装实训步骤：

1）安装 python 时必须要在 GCC 环境下，在其他位置安装会出错误，因此在终端输入：cd /usr/bin，查看是否具有 GCC。输入：

```
cp gcc* gcc
Ls  gcc**
```

2）下载安装包：wget http:// 下载网址 /Python-3.2.6.tgz

3）对安装包进行解压：tar -zxvf Python-3.2.6.tgz

4）进入解压所得的文件：cd Python-3.2.6

5）执行安装 ./configure

```
make
make install
```

6）开启 python 3：python3

7）关闭程序：Ctrl+z

以下是安装 python 3 测试，也可以安装 python 7 等高级一些版本。

建立文本文件为：vi hello.py（不用授权也可以执行）

输入 #!/usr/bin/python3

print（"****Hello, World******!"）;

具体要求实训界面如图 10-1 所示：

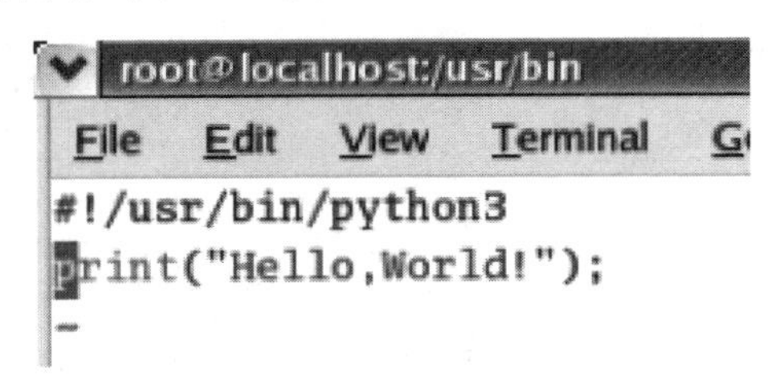

图 10-1　建立脚本截图

具体执行文件：Python3 hello.py，结果如图 10-2 所示：

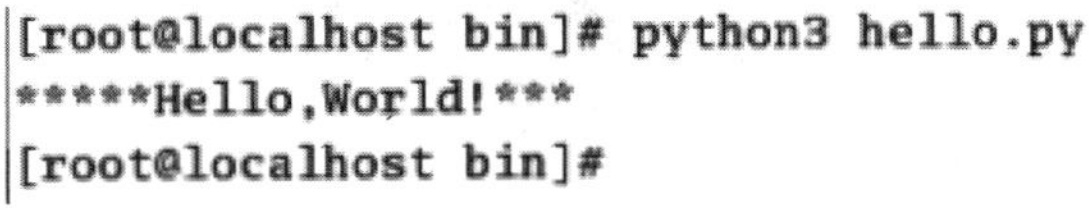

```
[root@localhost bin]# python3 hello.py
*****Hello,World!***
[root@localhost bin]#
```

图 10-2　脚本运行结果截图